高いワイン──
知っておくと一目置かれる　教養としての一流ワイン

商業人士必備的紅酒素養 2

想快點成為專家，就從「頂級」著手，
這是世界精英的共通語言。

頂級葡萄酒的

知識與故事

渡辺順子

紐約佳士得首位亞裔葡萄酒專家、
施氏佳釀的日本代表

著

黃雅慧

譯

U0020955

1986

Ce vin n'a pas été filtré

RICHEBOURG

GRAND CRU

APPELLATION CONTROLÉE

Mis en bouteille par

Henri Jayer

VITICULTEUR A VOSNE-ROMANÉE (COTE-D'OR) – FRANCE

13.5

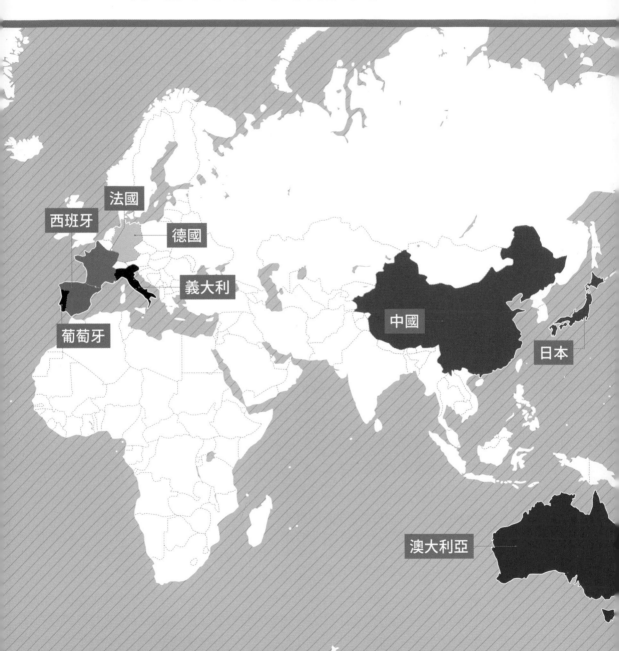

世界各大葡萄酒產國

法國
西班牙
德國
義大利
葡萄牙
中國
日本
澳大利亞

法 國 主 要 葡 萄 酒 產 地

香檳區

阿爾薩斯

羅亞爾河

布根地

波爾多

隆河區

隆格多克‧
胡西雍

普羅旺斯

波 爾 多 的 主 要 產 區

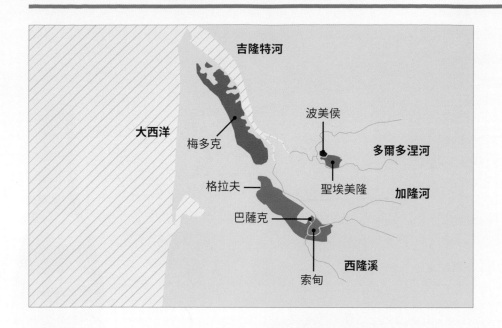

布 根 地 的 主 要 產 區

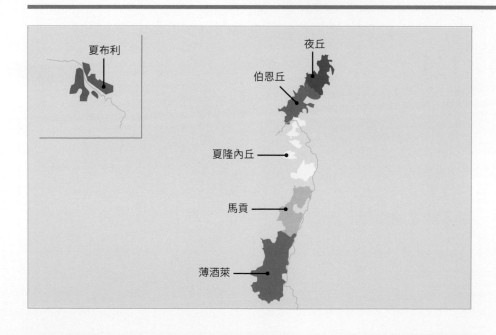

目錄

CONTENTS

第一章 布根地，葡萄酒之王與
葡萄酒之神都來自這裡

第二章　波爾多五大酒莊──世界最普及

第三章 五大酒莊以外，
　　　酒評讚譽的波爾多
　　　左岸佳釀

第四章 波爾多右岸，小村莊也能釀出 頂級極品，甘迺迪的最愛

第五章 香檳——
連英國首相邱吉爾
也瘋狂

第八章 美國加州葡萄酒——不被傳統束縛

第九章　葡萄酒新興國

推薦序一

用有故事的葡萄酒記錄
屬於你的故事

台灣酒研學院講師、「覓覓客的左腳」版主／盧彥廷

　　每款葡萄酒都有屬於自己的故事，在生產端，記錄的是風土、酒莊的風格，以及釀酒人的巧思與意志；到了消費端，因為喝的人跟時空背景不同，葡萄酒成為記錄人們情感交流的載體，承載著品飲者們獨一無二的篇章。

　　我很榮幸受邀撰文推薦《商業人士必備的紅酒素養2：頂級葡萄酒的知識與故事》，顧名思義，有商業需求的讀者，能透過本書認識書中提到的名酒、名莊的聞人軼事，進而讓葡萄酒成為柔化商業場合中的嚴肅氣氛、建立彼此友誼的催化劑。

　　不過葡萄酒的美好絕非僅限於商務場合，我建議讀者不妨將這本書分成兩個層面來看：

▊ 一、純個人

　　這本書蒐羅的酒款中，不乏我已經喝過或期待有天能喝到的傳奇酒款。

那些已經喝過的，我記得的，不只品飲筆記，還包括一起喝的人、場景與對話。我永遠記得，有一回我特地從臺灣扛了一支葡萄酒──第一樂章（Opus One），拜訪當時在蘇州工作的朋友，那時候我們正一起規畫著一件很熱血的事，透過這款法美合作的酒，我想跟這位從學生時代就共事過的老友說：「分隔兩地的我們，終於又有機會合作寫下人生的新的一頁！」

對於那些還沒喝過的酒，我則會為自己設定某一個特定場景。村上春樹的小說裡，敘述小確幸是努力工作後，喝啤酒喝得酣暢淋漓。對應到這本書中，讀者不妨列出幾款嚮往已久的頂級酒款，為自己訂個目標，如達成事業或人生的里程碑時，就用該款葡萄酒來記錄屬於自己的幸福，如此一來，這些酒嚐起來，必定別具滋味。

▋二、商務宴客或贈禮

在很多商務甚至是外交場合，送禮傳遞的不只是禮品本身的價值，往往也會藉由禮物傳達特定的訊息。

我們提到義大利的皮埃蒙特產區（Piemonte）時，總會戲稱同樣是用內比奧羅（Nebbiolo）葡萄品種釀造的巴羅洛（Barolo）是酒王，巴巴瑞斯科（Barbaresco）是酒后。知名的歌雅酒莊（Gaja）正是以生產優質的巴巴瑞斯科聞名，旗下產自巴巴瑞斯科的酒款獲得的評價，往往比其他以生產巴羅洛為主的酒莊，高出許多。所以如果需要送禮的對象是位女企業家，我一定會考慮歌雅酒莊的巴巴瑞斯科單一園，藉以表示其不輸男性的成就。

再舉一個例子，當我需要送酒給某個努力擺脫傳統束縛、走

出自己風格的朋友時，我會考慮義大利的薩西凱亞（Sassicaia）或是西班牙的維格‧西西莉亞酒莊（Vega Sicilia）。

　　這兩款酒都採用了非本國的葡萄品種，釀造之初經歷了眾人懷疑與不看好的歲月，最後都走出自己的一片天。對應到商場上，薩西凱亞和維格‧西西莉亞酒莊都是我心目中「造局者」的典範。

　　葡萄酒的價值在於讓生命更有趣、美好。同一款酒，因為喝的人不同、時空背景不同，在每個品飲者心中各自成就獨一無二的故事。葡萄酒的故事，讓葡萄酒與消費者產生連結；品飲者的故事，則讓葡萄酒有了溫度。

　　我衷心期待各位讀者能透過書中介紹的葡萄酒，記錄屬於你的故事！

推薦序二

世界名酒的導遊

臉書粉專「小資男女的紅酒筆記本」版主

　　如果你已經看過《商業人士必備的紅酒素養》，相信應該已對葡萄酒有了基本的認識。若說《商業人士必備的紅酒素養》是教你認識葡萄酒的啟蒙老師，那麼本書《商業人士的紅酒素養2：頂級葡萄酒的知識與故事》，則是帶你探索世界頂級葡萄酒的導遊。

　　身為小資紅酒愛好者，老實說，書中介紹的酒款，都是小資族較難負擔，但又是多年來夢寐以求，有朝一日能夠品嚐到的夢幻逸品。但有件事情很重要，就是當你有機會品嚐這些世界名酒，卻又不認識這瓶酒的來源、歷史時，就很難真正去體會這瓶酒的偉大。

　　反之，如果你能略懂這款酒背後的故事，就更能感受這些酒款的精髓，讓酒喝起來更加美味。

　　這差異就好像你去國外旅遊，到了完全陌生的一個千年遺跡，在沒有導遊介紹的情況下，那些世界文化遺產，在你眼裡看起來就是一塊毫不起眼的石頭，甚至覺得是廢墟，但是經過導遊的解說之後，了解個中故事，讓你彷彿穿過時光隧道，回到當時的歷史之中，彷彿這些看似不起眼的石頭，突然變得有意義，而

心生敬畏，這也是為什麼世界上這些名景古蹟這麼引人入勝。

這本書就像是世界名酒的導遊，幫助你認識世界佳釀背後的故事。

它透過饒富趣味、言簡意賅的小故事，介紹包含法國、義大利、西班牙、葡萄牙、美國、智利、阿根廷、澳洲、紐西蘭甚至日本、中國等國家的紅酒、白酒、甜酒、香檳等超過百款的絕世佳釀。

你會知道世界最貴的葡萄酒 DRC，其實是來自於布根地僅 1.8 公頃的土地；而波爾多五大酒莊之一的瑪歌酒莊（Margaux）是在哪一年起死回生；水晶香檳為什麼是使用透明的瓶子，以及它如何被美國嘻哈圈封殺的故事。

如果你是早已熟悉這些知名佳釀的朋友，本書會讓你回味無窮。若是你跟小資一樣，非常嚮往這些遙不可及的佳釀，本書會帶領你快速穿梭世界最頂級的酒莊，迅速認識本世紀最偉大的葡萄酒。

這本書不會讓你快速變成葡萄酒達人，但將是你學習葡萄酒之路的明燈，帶你認識哪些是你學習葡萄酒之路的必喝酒款。

推薦序三

葡萄酒，能培養品味或立足商場的軟實力

「葡萄酒新手選」版主／林灃竣 Eric

　　西元前 6000 年，人類在現今喬治亞（按：歐洲國家，地跨歐亞洲）與亞美尼亞（按：位於西亞的共和制國家，有時也會被視為是東歐的一部分）一帶開始釀造葡萄酒，當葡萄汁在大型陶罐中竄出氣泡、滋滋作響的那刻開始，葡萄酒就與歐洲的歷史與文化密不可分。

　　葡萄酒曾出現在古埃及美麗且細膩的壁畫上，除了栩栩如生的釀造過程，畫上顯示出品酒專家在當時就存在；它也出現在希臘古籍史詩中，成為人民的日常飲品，除了當作貨物交易，更一躍成為葡萄酒神戴歐尼修斯（Dionysos），讓人迷醉、也散播慈愛與歡樂，祭祀酒神的祕密儀式，至今仍是讓人最想一探究竟的狂歡饗宴。

　　當葡萄酒藉由羅馬版圖擴張而傳入西歐，這種權力與享樂的必然結合，橫掃皇室與教廷，只有最優質葡萄酒，才能成為上流社會餐桌的欲望點綴。當時有本篤會與熙篤會（按：皆為天主教修會），修士們代代相傳優良葡萄酒的釀造祕密，有管道獲得

梧玖莊園（Clos de Vougeot）或香貝丹特級園（Chambertin）地塊的葡萄酒，可能是政治道路順遂的保證，雖然有教皇明令禁止此種餽贈歪風，卻反讓這些頂級葡萄酒，更加稀有搶手。

當年引領我進入葡萄酒業的迷人香氣，是鮮美多汁的薄酒萊新酒，簡單、易飲，價格容易負擔，是種隨意律動的人生美好，但有那麼一個契機，讓我觀賞到頂尖名酒的華麗舞姿，它們是金字塔尖端的稀有樣貌，當你手中握有一瓶如此佳釀，從謹慎移動、細心溫控、耐心醒酒、良用杯具、深刻品嚐，如儀式般的品飲體驗，讓人在解答瓶內祕密之前，費盡心思準備自己，迎接氣勢磅礴的歌舞劇。等到曲終人散，又滿懷期待心情，迎接下一瓶稀世美釀。

這本《商業人士必備的紅酒素養 2：頂級葡萄酒的知識與故事》，正是作者渡辺順子根據她在葡萄酒產業與拍賣會多年經驗，詳列而出的各國頂級名酒，撇除讓人瞠目結舌的價格，那些酒莊趣聞與名人軼事，是閱讀本書最讓人感覺津津有味的地方。

若能在購買或品嚐到這些美酒之時，了解它們的故事來由，甚至與共飲人士娓娓分享，相信不管是培養品味或立足商場，都是極有幫助的軟實力。

推薦序四

了解葡萄酒的知識，彰顯你的品味與內涵

臉書粉專「跟 T 大一起尋找物超所值的葡萄酒」版主
／ T 大（張治）

我開始專注研究品嚐葡萄酒約三十年，我也曾是升斗小民領薪水的上班族，但說實話，當年酒價不貴，只要用功讀葡萄酒書、存錢喝名酒累積經驗，過十年就成了葡萄酒專家。

而現在才開始接觸葡萄酒的年輕人，雖然他們滿懷熱情，可是薪水沒漲，酒價卻大漲，年輕人沒錢可以買各種名酒來嘗試，結果努力多年，只能成為「便宜酒的專家」。今非昔比，不是努力不夠，而是酒價一去不復返，年輕一輩因喝不起名酒、只能困在井底。

不是說一定要喝貴酒，才能成為葡萄酒專家，而是如果你沒有喝遍名貴好酒，你推薦的酒，也不過就是從一堆便宜蘋果中挑出的好蘋果。這個道理很傷人，但其邏輯性是打不倒的。你若只喝過三個年分的拉菲（Lafite），然後就推薦：「某支一千多元的酒，品質絕倫，有拉菲的水準」，那真的是貽笑大方（按：因不同年分的葡萄品質可能差別極大）；你若主要喝布根地村莊

等級的紅酒，而且喝不到一百種，就批評某款布根地特級園沒有特級園應有的水準，這也是標準的夜郎行徑（按：布根地將葡萄園分為四個等級，按照順序為特級、一級、村莊級與地區級等四個等級。特級葡萄園如字面所示，就是最高等級的葡萄園）。

　　酒喝得越多，人其實會越謙卑。昂貴酒喝得不夠多、葡萄酒書讀得不夠多的偽專家，自以為很厲害，其實只是因為自卑而自大，總有一天會原形畢露。

　　如今知名葡萄酒的價格大漲，慶幸的是，葡萄酒的書籍不但沒有漲價，而且很多還比以前便宜。

　　我想給予對葡萄酒懷抱熱誠的年輕人一個建議：我們買不起也喝不起那些超級名酒，但藉由多讀書先了解它們，等遇到品嚐機會時，腦海中的那些知識就可以對照實際的味蕾感受，逐一驗證書中所描述的各種形容詞，若品嚐結果與書中記載有相左部分，更是寶貴的經驗，可以補足自己的葡萄酒經驗拼圖。

　　本書內容主要介紹昂貴而知名的葡萄酒，剛好完全符合我上述的說明，也是我要推薦給葡萄酒友的主要原因。

　　我建議對葡萄酒懷抱熱情的年輕人，詳讀這本書，以後有機會喝到這些名酒時，才能學以致用。而對於應酬場合能喝到這些名酒的商務人士來說，這本書更是必須熟讀的聖經指南，在商務宴會的場合，能彰顯你的品味與內涵。

　　一瓶昂貴名酒，一個晚上就喝完了；可是本書，卻能夠陪伴你無數個晚上，給予你知性上的滿足。

前言

想成為某領域專家，就從「頂級」著手

　　2018 年，紐約的一場葡萄酒拍賣會締造歷史性紀錄。那就是 1945 年產的羅曼尼・康帝（Romanée-conti）創下葡萄酒史上最高的交易價格。

　　當時竟然以一瓶 55.8 萬美元，相當於新臺幣 1,643 萬元（按：本書提到的價格〔日圓〕，均換算成新臺幣）的天價成交。若一瓶以六、七杯的分量來算，等於喝一杯羅曼尼・康帝，要花 270 萬元。

　　當然，這個年分的羅曼尼・康帝極其罕見且珍貴無比，有如夢幻般的存在。事實上，價格如此昂貴的葡萄酒並不多見。

　　話雖如此，世上還是不乏一瓶約數千元到數百萬元的珍品。這些價格不菲的葡萄酒，全都是國際公認的當地代表作。

　　若有心探尋葡萄酒的世界，享受其中樂趣的話，就有必要了解這些高級葡萄酒的基礎。

　　其實這個道理放諸四海皆是如此。想要了解某個領域，便應該從頂級著手。

　　試想，如果連達文西（Leonardo da Vinci）、米開朗基羅（Michelangelo）或拉菲爾（Raphael）等一流畫家的作品都毫無

概念，又怎能體會藝術的精隨？觀賞運動賽事，卻對一流選手或參賽隊伍一無所知的話，又怎能享受、深刻了解比賽的樂趣。

因此，我認為唯有從頂級著手，才是了解該領域之基礎或本質的捷徑，也是深入該領域的基本功。

葡萄酒也是同樣道理。世上各個產地均有代表性珍品。只要對這些資訊有一定程度的理解，葡萄酒造詣便更上一層樓。

除此之外，這些葡萄酒珍品，也是世界的共通語言。我曾在國際知名拍賣公司紐約佳士得的葡萄酒部門，服務了十幾年。我的主要工作，是為拍賣會中的拍品估價，經手的葡萄酒都價格不菲。我返回日本以後，除了繼續葡萄酒的拍賣事業，同時針對日本與亞洲各國的律師、醫師或企業老闆等尖端客戶，舉辦各項研討會。

透過這些交流，我深刻體會把葡萄酒當作話題的重要性，尤其在日本有不少精英，對葡萄酒的涉獵頗深。

珍品背後必有趣聞

本書的目的便是帶著讀者一探究竟，了解世界知名的葡萄酒珍品，進而享受樂趣。

除了會介紹法國與義大利的珍釀之外，書中依地域，列舉了美國加州或智利等葡萄酒新興國家的代表珍品。

說到高級葡萄酒，或許部分的讀者會覺得跟自己沒什麼關係，而沒什麼興趣。其實不然，相信只要各位放鬆心情看下去，必然越讀越有趣。

- 伊更堡——頂級甜酒引發的跨國之爭（見 117 頁）
- 專門打造香檳的酒瓶——沙皇防毒殺（見 155 頁）
- 超級托斯卡尼的先驅——薩西凱亞（見 185 頁）
- 廢物利用下的華麗翻身（見 193 頁）
- 中國第一家高級酒莊——敖雲（見 249 頁）

　　以上為部分章節的標題，書中介紹的珍品，背後都有令人拍案叫絕的故事。我相信，即使讀者對葡萄酒感到陌生，也能看得津津有味。

　　各位不妨從自己感興趣的篇章看起，不論是法國紅酒、令人愛不釋手的香檳，或是價值不菲的葡萄酒，哪篇都可以。

　　我衷心期盼透過介紹這些珍品，有助於各位進一步感受葡萄酒世界的樂趣。也期待這些知識，能對各位的人生產生些微（或重大）的影響。

　　除此之外，書中標示的市價行情，參考了世界最大葡萄酒搜尋網站葡萄酒搜尋者（wine searcher）之資料，根據該葡萄酒（瓶裝）的國際售價與所有年分（all vintage），而得出的平均價格（2019 年 8 月的資料）。

　　話雖如此，葡萄酒的價格將因年分或保存狀況而波動。另外，海外市場（進口成本、關稅等）或銷售地點（商店或餐廳）也會影響售價。因此，書中標示之市價行情僅供參考。

　　此外，葡萄酒的最佳年分係參照酒評家，羅伯特・派克（Robert M. Parker）的「派克採點」等國際知名評比而定（相關評比見 58 頁）。有興趣的讀者不妨一併參考。

第一章

布根地，葡萄酒之王與葡萄酒之神都來自這裡

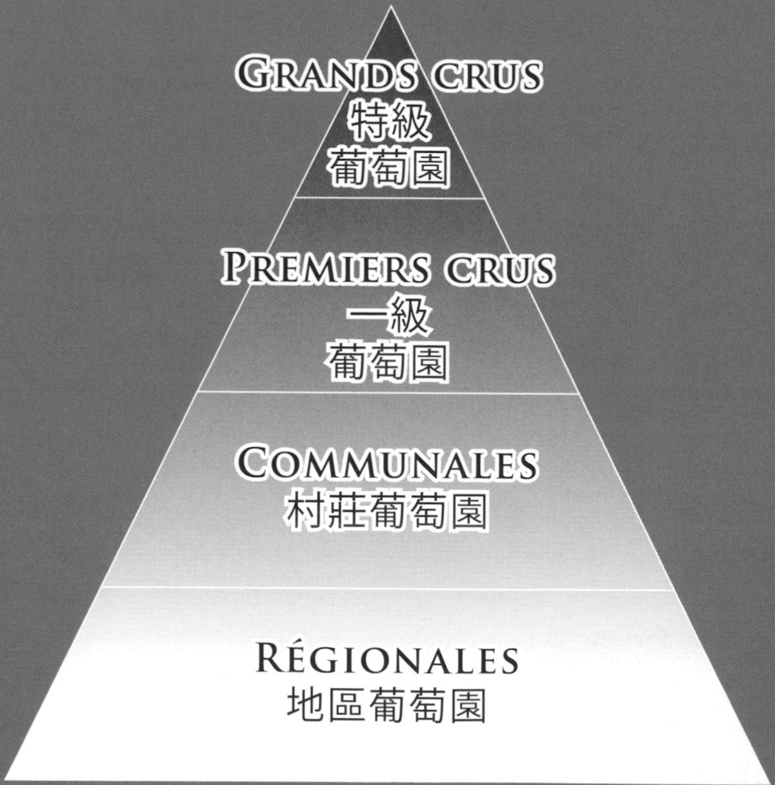
GRANDS CRUS
特級
葡萄園
PREMIERS CRUS
一級
葡萄園
COMMUNALES
村莊葡萄園
RÉGIONALES
地區葡萄園

法國布根地出產的葡萄酒，品質精良、價格昂貴，不僅堪稱法國之冠，更是世界首屈一指。其中，不乏數千元到數百萬元的珍品。

　　布根地之所以可以如此呼風喚雨，要歸功於堅持使用單一品種。相較於同為法國主要產區——波爾多習慣混釀不同品種，以維持葡萄酒品質，布根地卻黑白分明，紅酒只選用黑皮諾（Pinot Noir），而白酒則非夏多內（Chardonnay）莫屬。由於這個不成文的規定，導致葡萄的收成直接影響葡萄酒的好壞。於是，一遇到風調雨順的年分，葡萄酒的價格便三級跳。

　　除此之外，布根地的「葡萄園分級制度」（見左圖）也是影響價格的原因之一。特別是特級葡萄園僅占地數百公頃，釀造出來的葡萄酒簡直是鳳毛麟角，因此牽動葡萄酒行情。若是出自名師之手，更是彌足珍貴，動輒數萬元到數百萬元不等。

　　接下來，讓我們先從高級葡萄酒的重鎮——布根地的代表作，來向讀者一一介紹。

羅曼尼‧康帝，羅曼尼‧康帝酒莊釀造

ROMANÉE-CONTI
DOMAINE DE LA ROMANÉE-CONTI

市價行情

約 **60.2** 萬元

主要品種

黑皮諾

好年分

1945,61,78,85,90,96,
99,2005,06,08,09,10,
12,15,16

MOMOPOLE 的意思是
獨占園，指特級葡萄園
羅曼尼‧康帝為 DRC
公司獨有。

為了遏止市場上的假酒
橫行，DRC 於酒標下了
不少的功夫。（見第 174
頁、175 頁）

一杯近 300 萬元，葡萄酒的王中之王

世上最昂貴的葡萄酒，莫過於位在法國布根地的羅曼尼・康帝酒莊（Domaine de la Romanée-Conti，簡稱 DRC）所出產的羅曼尼・康帝（Romanée-Conti）。

其實，羅曼尼・康帝原是葡萄園的名稱。因為 DRC 在羅曼尼・康帝葡萄園釀造出這款葡萄酒，便以此命名。

一般說來，布根地的葡萄園大多由幾戶農家共同持有，如市面上不少葡萄酒都掛名「李奇堡」（Richebourg），便是因為這些廠家全在該地占有一席之地。然而，羅曼尼・康帝特級園卻是由 DRC 公司獨占。換言之，世界上能打出羅曼尼・康帝字號的只有 DRC。

羅曼尼・康帝的地質與其他特級葡萄園相比，營養成分更高，但土地面積卻僅有 1.8 公頃。除此之外，他們採取去蕪存菁的做法，摘除不夠理想的葡萄，集中栽培健康結實的果實。在如此嚴苛的競爭下，才孕育出羅曼尼・康帝的專屬葡萄。這些活力充沛、吸取日月精華的葡萄，可說是少之又少。因此，這款酒一年產量只有 5,000 至 6,000 瓶。

只有 1.8 公頃葡萄園釀造出來的羅曼尼・康帝，更顯彌足珍貴。因此，自古以來便有「天堂佳釀」的美譽。羅曼尼・康帝受到無數人的景仰，更散發出無比魅力，成為自古至今的兵家必爭之地。

其中，最有名的鬧劇莫過於 18 世紀，龐巴度夫人（Madame de Pompadour）與康帝親王爭奪這塊以康帝親王命名的葡萄園：聽說，龐巴度夫人因未能如願取得羅曼尼・康帝的所有權，而心

有不甘，於是，下令凡是布根地的葡萄酒，都不准踏進凡爾賽宮一步。

此外，羅曼尼‧康帝在 1945 年產的「獨角獸」（Unicorn Wine）也引起不小的騷動。這款酒在拍賣會一推出，便造成轟動，只能用戰況激烈來形容（按：這件事市場雖時有傳聞，但未經證實）。

曾有人形容 1945 年產的羅曼尼‧康帝，是「此酒只應天上有」。如此大有來頭的葡萄酒，惹得全球的收藏家為之瘋狂也不足為奇。

這個青史留名的競標賽，刷新世界紀錄，創下將近 1,643 萬元的天價。這個破天荒的成交價足以證明羅曼尼‧康帝被譽為天堂佳釀，絕非浪得虛名。

DRC 公司除了羅曼尼‧康帝，還有其他自有或租賃等七處特級葡萄園，這些農園釀造出來的葡萄酒，不僅各有特色，而且均有一定水準。

例如，塔須園（La Tache，同為 DRC 獨有）產出某些年分的酒，不輸羅曼尼‧康帝；位在羅曼尼‧康帝隔壁的李奇堡；馮內‧侯瑪內村（Vosne-Romanée）內最古老的羅曼尼‧聖維馮園（Romanee St.Vivant）；近來異軍突起的大埃雪索園（Grands Echezeaux）；品質穩定的埃雪索園（Echezeaux）；產量稀少而顯珍貴，白酒中極品的蒙哈榭園（Montrachet），與物美價廉的高登園（Corton）等。

除此之外，一級葡萄園馮內‧侯瑪內或不對外開放的巴達‧蒙哈榭園（Batard-Montrachet）白酒也全屬 DRC 旗下。巴達‧蒙哈榭只供內部訂購，素有白酒幻影之稱。根據傳聞價格之昂貴，連羅曼尼‧康帝都自嘆弗如。

DRC 旗下之特級葡萄酒（不含羅曼尼·康帝）

塔須園
LA TÂCHE
約 **14** 萬元

李奇堡
RICHEBOURG
約 **9.3** 萬元

羅曼尼·聖維馮園
ROMANÉE-SAINT VIVIANT
約 **7.4** 萬元

大埃雪索園
GRANDS ÉCHÉZEAUX
約 **7.1** 萬元

埃雪索園
ÉCHÉZEAUX
約 **6.3** 萬元

蒙哈榭園
MONT RACHET
約 **23** 萬元

高登園
CORTON
約 **5.5** 萬元

馮內·侯瑪內·克羅·帕宏圖，為亨利·賈葉釀造

VOSNE-ROMANÉE CROS-PARANTOUX

HENRI JAYER

市價行情

約**38**萬元

主要品種
黑皮諾

好年分
1985,91,93

「Ce vin n'a pas été filtré」意思是未經濾網（不曾過濾）。相較於利用過濾除去酒中微生物的慣例。近來不少釀酒廠放棄過濾，以保存葡萄酒原有的香氣、韻味與特色。

葡萄酒之神創造的傳奇珍釀

　　布根地有一位人稱「葡萄酒之神」的釀酒師——亨利·賈葉（Henri Jayer）。亨利在賈葉家族排行老三，祖父輩自 1922 年便於馮內·侯瑪內村種植葡萄。

　　亨利自小便幫忙家裡務農。他從第戎（Dijon）大學釀酒系畢業後，便進入布根地的名門酒莊凱慕斯（Camuzet），負責營運李奇堡、夜聖喬治（Nuits-Saint-Georges），以及釀酒業務。凱慕斯家族慧眼識明珠，讓亨利年紀輕輕便展現才華，雙方合作甚歡，且長達四十幾年（目前由凱慕斯家族的梅歐〔Meo〕接手管理）。

　　亨利三十幾歲便以「亨利·賈葉」之名，推出自有品牌。他終極一生推出不少膾炙人口的佳釀，而且價格幅度極大，小自庶民等級，大至超越其他特級品的葡萄酒，幾乎無所不包。

　　而亨利的代表作馮內·侯瑪內·克羅·帕宏圖（Vosne-Romanée Cros-Parantoux），就是在馮內·侯瑪內村的一級葡萄園克羅·帕宏圖釀造而成，且價格最貴。

　　根據記載，克羅·帕宏圖早在 1827 年便開始栽種葡萄，但在世界大戰期間，也曾種植一些朝鮮薊（Artichoke）等蔬菜，因此始終沒沒無聞。多虧亨利，才讓克羅·帕宏圖一鳴驚人。

　　克羅·帕宏圖布滿大塊岩石，上面還有一層黏土石灰岩，怎麼看都不適合種植葡萄。然而，亨利卻察覺這個天然條件，能提煉頂級葡萄酒的酸味。於是，便在當地嘗試種植葡萄。幾經辛苦後，他終於在 1978 年推出首釀年分酒。而 1985 年產的葡萄酒，更是全球賈葉粉絲的最愛。

　　話說回來，1985 年的葡萄酒因為名氣太大，導致市面上假酒橫行，因此受騙上當的收藏家不在少數。

　　即便如此，2018 年，在一場瑞士日內瓦舉辦的賈葉家族珍品拍賣會中，來歷清楚的六瓶 1985 年產的拍品，竟然以天價 820 萬元刷新亨利‧賈葉的成交紀錄。

　　令人惋惜的是，這位葡萄酒界的傳奇人物在 74 歲時，收到法國政府的年金追繳通牒。因此，將名下的葡萄園轉讓給外甥艾曼紐‧胡傑（Emmanuel Rouget），同時退居一線。當然，這些不過是對外的障眼法而已。亨利私底下仍帶著艾曼紐釀酒，致力培育下一代。

　　然而，他最後還是在 2001 年宣布退休。於是，這個年分的葡萄酒便成為布根地之神的收山之作。再加上當年的風調雨順，使得這個年分酒不僅身價倍增，還是賈葉粉絲競購的稀世珍釀。

　　後來，亨利因罹患癌症，在第戎醫院住院治療。但病榻中的他也不忘傾盡所學，諄諄教導後進，其熱忱深深打動人心。

　　2006 年，一生以葡萄酒為志業的亨利，以 84 歲的高齡撒手人寰。令人慶幸的是，布根地仍有一群青年才俊堅守現場，承接他的遺志。

李奇堡，亨利·賈葉
RICHEBOURG
HENRI JAYER

約 64 萬元

亨利·賈葉作品中，
價格最貴、出自特
級葡萄園李奇堡的
酒款。1987 年起，
改由梅歐·凱慕斯酒
莊釀造。

聖夜喬治，亨利·賈葉
NUITS-SAINT-GEORGES
HENRI JAYER

約 11 萬元

雖然是賈葉作品中
的庶民版，但 2003
年的拍賣會中也創
下 6,000 元的佳績。
10 年後的價格更飆
高至 8.8 萬元以上。

馮內·侯瑪內·克羅·帕宏圖，艾曼紐·胡傑
VOSNE-ROMANÉE CROS PARANTOUX
EMMANUEL ROUGET

約 7.1 萬元

艾曼紐·胡傑發揮
賈葉傳授訣竅的得
力之作。
酒評家羅伯特·帕
克推崇自 1990 年
產的葡萄酒，他稱
這年分的酒為「深
得賈葉的真傳」。

蜜思妮，樂華酒莊

MUSIGNY
DOMAINE LEROY

市價行情

約 **42** 萬元

主要品種

黑皮諾

好年分

1996,98,2002,05,06,
07,09,10,12,14,15,16

樂華夫人對於葡萄酒的熱愛，
曾讓她整天守在葡萄園。因為
她堅信：「唯有好的葡萄才能釀
造美酒」。自 1933 年出生的她，
即使高齡，仍每日風雨無阻的
巡視葡萄園。

樂華酒莊：從種植到分裝，都天然人工作業

　　布根地的香波・蜜思妮（Chambolle-Musigny）村有一塊面積只有 10 公頃左右的小農地，叫做蜜思妮。這塊豆腐般大小的葡萄園分屬 11 家釀酒廠，各自推出冠名蜜思妮的酒款。

　　事實上，這塊農地絕大部分都由某個酒莊獨占，剩下的 3 公頃平分給其餘釀酒廠。因此，這些緊守著極小葡萄園的釀酒廠所製造的蜜思妮，不僅各具特色，又因產量稀少，因此價格水漲船高。

　　其中，最貴者莫過於樂華酒莊（Domaine Leroy）出產的蜜思妮。樂華酒莊分到的面積僅僅 0.27 公頃，年產量更是稀少。因此，長期以來便是各大拍賣會中，買家競相出價的熱門拍品。

　　當然，樂華酒莊之所以如此搶手，並非單純物以稀為貴，更因為目前的莊主，人稱「樂華夫人」的拉露・碧茲・樂華（Lalou Bize-Leroy）女士對於品質的堅持。

　　樂華夫人在父親亨利・樂華（Henri Leroy）退休後，代表樂華與 DRC 掌管營運業務。樂華企業雖然有長期合作的契作農戶，但自從樂華夫人接手以後，因為在意化學肥料對於人體的影響，便於 1988 年成立樂華酒莊，在自家葡萄園採用自然動力農法（Biodynamie，有機農法之一），全心培釀有機葡萄酒。

　　然而，樂華酒莊的成立卻讓他們與 DRC 漸行漸遠。導致樂華夫人不得不交出經營權。即便如此，樂華夫人仍毫無所懼，反而逆風而上，堅持自己的道路。

　　經過幾番努力，樂華酒莊推出的三大佳釀（1993 年產的羅希特級園〔Clos de La Roche〕、羅曼尼・聖維馮園與李奇堡）

均獲得派克採點百分滿點的殊榮。自此以後，樂華酒莊便鯉躍龍門，晉升頂級葡萄酒之列。

樂華酒莊為了還原葡萄酒的風味，堅持採用不施灑農藥的自然動力農法。因此，在市場上受歡迎的程度完全不輸 DRC。

一般說來，蜜思妮自帶一種女性獨特的優雅。而樂華酒莊的口感更如天鵝絨般滑潤柔順。這些都要歸功於該酒莊堅持使用自然動力農法，同時去蕪存菁，嚴格的控管葡萄品質。

樂華夫人對於天然的堅持還不只如此。例如，該酒莊的葡萄酒經常出現有外溢現象，是因為他們的裝瓶完全人工作業，而非機械加工。當工人將葡萄酒一瓶一瓶的裝起來時，難免不小心裝過多，導致一打開軟木塞，葡萄酒就溢出來。

堅持天然製程的樂華酒莊，也生產李奇堡、羅曼尼·聖維馮園與香貝丹（Chambertin）等特級葡萄園的佳釀，而且經常在各大拍賣會中高價成交。

樂華酒莊之代表作

李奇堡，樂華酒莊
RICHEBOURG
DOMAINE LEROY

繼 DRC 公司之後，樂華雖然也在李奇堡擁有葡萄園，但產量極少，每年僅產 100 箱（共 1,200 瓶），因此市場價格水漲船高。其中又以 1949 年產的葡萄酒，名列 20 世紀代表性葡萄酒之一。

約 **18** 萬元

羅曼尼・聖維馮園，樂華酒莊
ROMANÉE-ST-VIVANT
DOMAINE LEROY

又稱為後起之秀（rising star）的羅曼尼・聖維馮園，因潛力無窮，足以與羅曼尼・康帝匹敵，而備受矚目。與鄰近且面積遼闊的李奇堡相比，雖曾被批評單寧酸味過重、風味過強。但近年來的品質，卻逐漸展現出謙謙君子的一面。
樂華酒莊在該區的占有率雖然僅次於 DRC，但面積僅有一公頃。因此，釀造出的葡萄酒如鳳毛麟角般，少之又少。

約 **15** 萬元

香貝丹，樂華酒莊
CHAMBERTIN
DOMAINE LEROY

特級葡萄園香貝丹的釀酒廠各具特色，最為世人津津樂道。其中又以兩大酒莊為代表：盧梭酒莊（Domaine Rousseau）有「國王」之稱；而樂華酒莊則被譽為「皇后」。這是因為樂華的香貝丹，展現一種其他酒款無法表現的女性細緻。

約 **23.1** 萬元

馬立·香貝丹，多芙內酒莊

MAZIS-CHAMBERTIN
DOMAINE D'AUVENAY

市價行情

約 **17** 萬元

主要品種

黑皮諾

好年分

1996,99,2002,10,16

樂華家族之三大酒莊

樂華工坊
↓
採用契作葡萄

樂華酒莊
↓
採用自家葡萄

多芙內酒莊
↓
採用樂華夫人私人葡萄園

酒標上的建築物為樂華夫人的宅邸。

多芙內酒莊——樂華夫人對完美的堅持

樂華夫人有一座私人的葡萄園，而多芙內酒莊（Domaine d'Auvenay）便是為這座葡萄園而打造。

事實上，樂華的釀酒事業可分為三大塊。其中一塊是選用特約農戶契作葡萄的樂華工坊（Maison Leroy）。這是樂華夫人的曾祖父佛朗索瓦・樂華（Francois Leroy）於 1868 年創立的釀酒廠。

其二是前面介紹的，選用自家葡萄自製自銷的樂華酒莊。樂華酒莊為合資企業，目前由樂華夫人之家族與日本高島屋共同持有。

其三就是多芙內酒莊。多芙內選用的葡萄皆來自樂華夫人的私人葡萄園，以展現夫人追求完美的釀酒精神。

由於葡萄的來源 100％來自私人農地，多芙內很難大量生產。事實上，幾乎所有葡萄酒的產能都在一萬瓶上下。因此，多芙內的葡萄酒便成為拍賣會的熱門拍品。

其中的馬立・香貝丹（Mazis-Chambertin）因為精選 70 年老藤的葡萄，因此產量少之又少，每年僅生產 550 瓶到 600 瓶。某些年分的葡萄酒，其價格甚至要價 13.7 萬元以上。根據網站葡萄酒搜尋者於 2017 年發表的「布根地年度奢華佳釀」，多芙內的馬立・香貝丹便高居第七名。

蒙哈樹，樂弗雷酒莊

MONTRACHET
DOMAINE LEFLAIVE

市價行情
約 30.1 萬元

主要品種
夏多內

好年分
1992,95,96,98,2002,13

年產量一桶，可遇不可求的夢幻白酒

樂弗雷酒莊（Domaine Leflaive）位於布根地、號稱白酒聖地的普里尼‧蒙哈榭（puligny montrachet）村，遠從 1717 年，便在當地種植葡萄。蒙哈榭的土壤擁有豐富的礦物質，釀造出來的白酒無與倫比。樂弗雷在這塊風水寶地上，擁有高達 25 公頃的農地。而且，以一級或特級葡萄園居多。

該酒莊於 1990 年由安妮‧克勞德（Anne Claude）接掌以後，她便以釀造無損健康的葡萄酒為職志，將所屬的特級葡萄園全部改為自然動力農法。1997 年，她更進一步的將自然動力的農耕概念，落實到所有農園，打造出風味天然樸實、清澈澄明的葡萄酒。自此安妮成為自然動力農法的先驅，引起不少釀酒師爭相效法。

樂弗雷酒莊生產的葡萄酒中，以特級葡萄園的蒙哈榭售價最高。

1991 年，樂弗雷酒莊在蒙哈榭買下一處面積僅有 0.08 公頃的農地。由於土地面積太小，一年僅夠生產一桶葡萄酒。如此彌足珍貴的葡萄酒並不對外開放，價格因此飆高不下。

順帶一提，2016 年，因蒙哈榭的葡萄收成不佳，於是在當地擁有葡萄園的樂弗雷、DRC 與貢‧拉馮（Comtes Lafon）等七家酒莊，攜手推出「L'EXCEPTIONNELLE VENDANGE DES 7 DOMAINES」（七莊臻釀）。這個由頂尖酒莊合作產銷的創舉，對於葡萄酒界來說，當真是前無古人，後無來者。

最重要的是，這個酒款售價不菲，一瓶高達 5,550 歐元（約新臺幣 18.5 萬元）。不過，因為產量不多，僅有 600 瓶。所以

只提供給特定對象，同時規定不得轉讓。

樂弗雷酒莊在普里尼・蒙哈榭村，除了擁有自家葡萄園以外，還擁有三個特級葡萄園：歇瓦里耶・蒙哈榭（Chevalier-Montrachet）、巴達・蒙哈榭與比衍維紐・巴達・蒙哈榭（Bienvenues-Batard-Montrachet）等三個特級葡萄園（參閱右頁）。而且，出產的葡萄酒，皆為全球粉絲不惜撒下千金爭相競購的極品。

然而，安妮・克勞德女士卻對這個現象極為痛心，因此便在土地較為便宜的馬貢地區，選中「馬貢・維列」（Mâcon Verzé），並以當地為名推出村莊葡萄酒，提供其他小粉絲也有機會享用，不使用化學肥料、樂弗雷出品的佳釀。馬貢・維列無須長期熟成，卻又能維持特級葡萄酒的清澈透明，口感清爽，不拘任何場合皆可飲用。

馬貢・維列
MÂCON VERZÉ
約 1,400 元

樂弗雷於普里尼·蒙哈榭村之
三大特級園（不含蒙哈榭）

歇瓦里耶·蒙哈榭
**CHEVALIER-
MONTRACHET
GRAND CRU**

約 2.2 萬元

巴達·蒙哈榭
**BATARD-
MONTRACHET
GRAND CRU**

約 1.7 萬元

比衍維紐·巴達·蒙哈榭
**BIENVENUES
BATARD-MONTRACHET
GRAND CRU**

約 1.7 萬元

高登‧查理曼，科旭‧杜麗

CORTON-CHARLEMAGNE
COCHE-DURY J.F.

市價行情
約 **14** 萬元

主要品種
夏多內

好年分
1986,89,90,96,99,2004,
08,10,14

金色酒標採自 1990 年代
的設計，自 2000 年以後
改成白色標籤。

國王的鬍鬚決定葡萄品種——高登‧查理曼

高登‧查理曼（Corton-Charlemagne）是被譽為布根地白酒之神科旭‧杜麗（Coche-Dury）的代表作。

高登‧查理曼是葡萄園的名稱。根據記載，當地早在 1500 年時，便開始種植葡萄。

高登‧查理曼的名稱，其實來自於 8 世紀中，鼎鼎大名的法蘭克國王，卡爾大帝（Karl）。

德國中世紀末期，知名畫家杜勒（Albrecht Durer）筆下的卡爾大帝。

話說當時的卡爾大帝是紅酒的愛好者。可惜的是，享用美酒的同時，總會弄髒他引以為傲的白鬍鬚。因此，他便逐漸改喝白酒。後來，他乾脆將自己高登村的葡萄園全部改種白葡萄。

卡爾大帝的法文為「查理曼大帝」（Charles Ier le Grand），因此該葡萄園便命名為高登‧查理曼。

科旭‧杜麗於 1980 年買下高登‧查理曼葡萄園。1986 年的首釀年分酒，甫一推出便榮獲派克採點 99 分的佳評。

緊接著，高登‧查理曼於 1999 年產的葡萄酒，也榮獲《葡萄酒代言人》（Wine Advocate）百分滿點的評比。而且，科旭‧杜麗是高登‧查理曼葡萄園中，唯一榮獲《葡萄酒代言人》滿點殊榮的釀酒師。

梅索，貢‧拉馮酒莊

MEURSAULT
DOMAINE DES COMTES LAFON

市價行情
約 **4,000** 元

主要品種
夏多內

好年分
1989,92,96,97,2000,01,
02,05,06,09,10,11,12,
14,15,16,17

OTHER WINE

蒙哈榭，貢‧拉馮酒莊

MONTRACHET
DOMAINE DES COMTES LAFON

約 **5.8** 萬元

出自於蒙哈榭特級園的頂級酒
款，售價高出梅索 10 倍以上。

▌貢・拉馮酒莊──全球白酒之巔峰

布根地還有一位與科旭・杜麗同樣馳名國際的白酒大師，那就是拉馮。

貢・拉馮酒莊的莊主多明尼克・拉馮（Dominique Lafon）除了在法國擁有自己的酒莊以外，事業版圖擴及美國奧勒岡州與世界各地。因此贏得「國際拉馮」的美譽。

貢・拉馮酒莊的酒款中，由以梅索（Meursault）最值得一提。梅索雖是一個人口不到 2,000 人的小村莊，卻是舉世公認的白酒聖地。此處種植的葡萄以夏多內居多，當地的釀酒廠也習慣在自家產品冠上梅索的字號。不過，其中的翹楚還是首推貢・拉馮與科旭・杜麗，兩人甚至被稱為「梅索雙雄」。

特別是貢・拉馮在釀造技術上推陳出新，成為其他釀酒廠爭相效法的典範，進而提高梅索的整體水準。

貢・拉馮的梅索雖然散發一種奶油般的濃郁感，卻又不失清爽且清澈透明。此外，在所有酒款中，以等級最高的蒙哈榭特級園最為昂貴。

貢・拉馮的蒙哈榭自推出以來便好評不斷，在各大拍賣會中也總是以高價成交。拉馮釀造的蒙哈榭含有豐富的礦物質與酸度，這些礦物質的特性正是其他釀酒廠遠遠不及之處。

羅希特級園苤藤紅酒，彭索酒莊

CLOS DE LA ROCHE V.V.
DOMAINE PONSOT

市價行情

約 **1.6** 萬元

主要品種

黑皮諾

好年分

1971,80,85,90,91,93,
99,2005,06,09,13,16,
17

酒標上的 Vieilles Vignes
（簡稱 V.V.），指精選樹
齡較高的葡萄。

▍彭索酒莊，假酒風波的破案關鍵

羅希特級園（Clos de La Roche）是一座位於布根地莫瑞‧聖丹尼（Morey St Denis）村的特級葡萄園，而且是該村中風土條件（Terroir）最佳的寶地。羅希特級園，亦即「石頭覆蓋的土地」（ Filed of Stone），這塊農地上布滿堅硬的石塊，因此釀造出來的葡萄酒更加香醇高貴。

彭索酒莊是羅希特級葡萄園的最大地主，擁有近 3.5 公頃、占當地 80％的農地。該酒莊的年產量可達一萬瓶。特別是彭索生產的羅希紅酒，帶有櫻桃與松露的清香，一到松露旺季，更是各大餐廳的必備酒款。

彭索的羅希紅酒之所以越來越受歡迎，要從一場於 2008 年聖誕節舉辦的拍賣會說起。當 1934 年產的羅希紅酒上場時，竟然跌破眾人眼鏡，以 1 萬 8,240 美元（約新臺幣 54 萬元）成交。之後，梅索出產的羅希紅酒便成為各大拍賣會的珍品，人氣始終居高不下。

時至現今，彭索頂著羅希釀酒大師的光環，名氣甚至超越樂華夫人。連國際知名酒評家羅伯特‧派克的愛徒尼爾‧馬丁（Neal Martin）也對 1971 年產的羅希紅酒推崇備至，他說：「這個年分簡直超越 1978 年的羅曼尼‧康帝。」

話說回來，彭索的所有年分中，仍以 1985 年產的葡萄酒價格最高。這多少是因為 1986 年的紅酒「太過失敗」的緣故，相對提高 1985 年分羅希紅酒的身價。

提起彭索酒莊，最有名的莫過於在打擊假酒上的不遺餘力。高級葡萄酒的市場在 2000 年代以後，假酒猖獗橫行。因

此，第四代莊主羅蘭‧彭索（Laurent Ponsot）便苦心思索遏止這股歪風的對策。例如，在酒標上加裝溫度感應功能、軟木塞採用合成材質，以防造假等的可能性。

除此之外，保存葡萄酒木箱的溫度也透過應用軟體管理，引進可追蹤 15 年的「智能酒箱」，利用 GPS 追蹤酒瓶等。

除此之外，在震驚葡萄酒界的假酒風波中，還曾親上法庭作證，將魯迪‧卡尼萬（Rudy Kurniawan）繩之以法。

2008 年 4 月 25 日，魯迪在紐約的某大拍賣會中，推出 97 瓶彭索酒莊的假酒。而且大多是 1929 年產的羅希特級園，或 1945 年到 1971 年產的聖丹尼園（Clos Saint Denis，見下圖）。

話說回來，羅希特級園頭一次推出的葡萄酒來自 1934 年，另外聖丹尼園在 1980 年代根本沒有推出葡萄酒。換句話說，當時他在拍賣會上提供的拍品，全是不可能存在的年分。

羅蘭在拍賣會當天特地從布根地飛往紐約，然後在開拍的 10 分鐘後抵達會場，並要求主辦單位撤銷所有拍品。

沒想到這個小插曲成為四年後魯迪落網的關鍵。

除此之外，只要提到羅蘭，總不免讓人想起 2016 年伯恩濟貧醫院（Hospices de Beaune）的拍賣會。其實，我當年為了標下

聖丹尼園，彭索酒莊
CLOS SAINT DENIS
DOMAINE PONSOT
約 2.2 萬元

彭索酒莊的高登，人就在現場。

我還記得，當天為了將高登拿到手，我與女性友人使出渾身解數，不斷的舉手競投。隨著出價越喊越高，舉手的人也越來越少。最後，當我回過神，才發覺全場只剩我與另外一位男性在競標。因為當天會場規模不小，所以我無法確認對手為何方神聖。直到後來我才恍然大悟，他就是鼎鼎大名的羅蘭‧彭索，也就是高登的釀酒大師。

原來，當羅蘭 2016 年離開彭索酒莊，與兒子自立門戶以後，那個年分便成為他在彭索酒莊的最後之作。於是，他才會出席拍賣會，想為自己留作紀念。

後來，他看到競標對手竟然是一位女士，便拱手而讓。他的紳士風度加深我對彭索好感，幾乎成為他們的鐵粉。

國際知名葡萄酒評比

派克採點

　　葡萄酒的價格其實深受知名酒評家，或者是專業媒體評比所影響。

　　其中，最具影響力的莫過於美國酒評家羅伯特‧派克發布的派克評分。這個評比亦即媒體或店舖常見的「RP」。評分標準以百分滿點計算：基本 50 分、風味 20 分、香氣 15 分、整體質感 10 分與外觀 5 分。

　　派克採點對於葡萄酒的影響力非同小可，只要經過它的加持，即便是沒沒無聞的葡萄酒，也能一下子麻雀變鳳凰。

派克採點的分數與評比內容	
96~100 分	頂級葡萄酒，值得珍藏。
90~95 分	風味層次複雜，優質的葡萄酒。
80~89 分	水準平均以上，挑不出缺點。
70~79 分	一般水準，不好不壞。
60~69 分	平均以下，單寧或酸味過強，欠缺酒香。
50~59 分	不值得推薦。

2019 年 5 月，72 歲的派克以年事已高為由宣布退休，從此退居一線。即便如此，他曾經發表過的各種評語，對於葡萄酒界仍然具有影響力。

葡萄酒代言人

羅伯特・派克於 1978 年另外創辦了一本葡萄酒專業雜誌《葡萄酒代言人》。這本雜誌與後面介紹的《葡萄酒鑑賞家》（Wine Spectator）併稱葡萄酒界最有影響力的兩大雜誌。《葡萄酒代言人》一般標示為「WA」。

2001 年起，派克便不再親自上陣。而是委由手下的 10 位弟子，針對各自擅長的地區試飲後，進行評分。WA 網站同時標示負責人的姓名。

另外，曾在《葡萄酒代言人》擔任試飲師的安東尼・蓋洛尼（AG，Antonio Galloni），他的評比也是市場的指標之一。他曾是派克最倚重的左右手，後來自立門戶開設付費葡萄酒網站「葡萄酒志」（Vinous）。2017 年，《葡萄酒代言人》的臺柱尼爾・馬丁（Neal Martin）也跳槽到該網站當生力軍。

葡萄酒鑑賞家

葡萄酒界還有一個知名媒體，那就是雜誌《葡萄酒鑑賞家》。這本雜誌與《葡萄酒代言人》一樣，由幾名員工就各自擅

長的地區進行酒評。

　　《葡萄酒鑑賞家》每年都會透過盲飲大賽，選出「百大年度佳釀」。這份排行榜對於葡萄酒也有極其重要的影響力。

　　此外，《葡萄酒鑑賞家》的前副編輯詹姆斯・薩克林（JS，James Suckling）也極具公信力，在亞洲的影響力不可小覷。

▎其他知名媒體或酒評家

　　英國的《品醇客》（*Decanter*）也是知名的葡萄酒雜誌之一。品醇客的發行量全球第一，遍及全世界九十餘國。

　　在 1984 年，首位獲得葡萄酒大師（master of wine）頭銜的女性——傑西斯・羅賓遜（Jancis Robinson）是國際知名的酒評家。傑西斯極具公信力，甚至受聘為英國皇室選酒師。

　　除此之外，以試飲聞名的葡萄酒專家麥可・布羅德本特（Michael Broadbent）的評比也很有影響力，時常受到業界的矚目。他的評比一般標示為「MB」，同時以星星的多寡評分。雖然滿分是五顆星，但有時也會出現六顆星的讚譽。

酒評家	評分方式	標記
羅伯特 · 派克 （派克評分）	百分滿點	RP、Parker Point
《葡萄酒代言人》	百分滿點 （由擅長各產地的 專家進行評比）	WA
《葡萄酒鑑賞家》	百分滿點 （由擅長各產地的 專家進行評比）	WS
安東尼 · 蓋洛尼	百分滿點	AG
詹姆斯 · 薩克林	百分滿點	JS
《品醇客》	百分滿點	Decanter
傑西斯 · 羅賓遜	20 分滿點	Jancis Robinson
麥可 · 布羅德本特	5 顆星 （偶有 6 顆星）	MB

第二章

波爾多五大酒莊──
世界最普及

法國波爾多地區的酒莊（Châteaux）一般來說，根據各地區分等（部分地區除外）。其中，最有名的莫過於梅多克（Médoc）。該地區自 1855 年起，依酒莊的優劣區分為一到五級不等——梅多克分級制度。

　　其後，列屬一級的四大酒莊，加上後來從二級晉升一級的酒莊，共稱「波爾多五大酒莊」，而且名聲直至現今仍在國際屹立不搖。

　　這五大酒莊有其他競爭對手望塵莫及的歷史與絕對的品質，堪稱世上最普及的葡萄酒。

拉菲·羅斯柴爾德酒莊

CHATEAU LAFITE ROTHSCHILD

市價行情

約 **2.7** 萬元

主要品種

卡本內·蘇維濃、梅洛、小維多

好年分

1848,65,70,1953,59,
82,86,90,96,2000,08,
09,10,16,17,18

酒瓶上的「五隻箭頭」代表羅斯柴爾德家的五兄弟。

▌龐巴度夫人青睞的重量級酒莊

在梅多克的一級酒莊中，稱得上翹楚，而且至今地位不動如山，絕非拉菲·羅斯柴爾德酒莊（Château Lafite-Rothschild）莫屬。

話說 18 世紀，法國國王路易十五的寵妾龐巴度夫人便是拉菲酒莊的超級粉絲。她甚至在凡爾賽宮的晚宴上誇下海口：「除了拉菲，其他葡萄酒我一概不喝。」因此讓拉菲酒莊的名聲一躍千丈。

集萬千寵愛於一身的拉菲於是博得「國王之酒」（The King's Wine）的美譽。甚至因此導致法國國內缺貨，連英國和荷蘭等貿易商，也為貨源四處奔走。

在當時，派駐法國的美國公使湯瑪斯·傑佛遜（Thomas Jefferson）也是拉菲的粉絲之一。特別是他利用外交途徑私自採購拉菲的傳聞，更是喧囂塵上。

被傑佛遜私藏的 1787 年產的拉菲，在 20 世紀後期於巴黎揭露以後，瞬間成為社會的話題。這瓶刻有「Th. J」姓名縮寫的葡萄酒，俗稱「傑佛遜珍藏」（Jefferson Bottle）。最後在拍賣會中以 10.5 萬英鎊（約新臺幣 388 萬元）的天價成交。

然而，幾經波折，這瓶酒卻被判定為贗品。

經過詳細調查才發現，其實造假手法極其粗糙。因為酒瓶上的姓名縮寫，竟然來自當時尚未發明的機械齒輪。

這個八卦被某電影公司相中，原本預計由布萊德·彼特（Brad Pitt）主演搬上大螢幕。但聽說當時受騙的美國富豪不想家醜外揚，於是重金買下電影版權。讓該企劃案從此不見天日。

　　拉菲成為梅克多分級酒莊之首後，葡萄酒事業也蒸蒸日上。

　　即便如此，當時的荷蘭莊主范勒柏格（Vanlerberghe）家族卻決意轉手讓人。經過幾輪競投，最後由原本就看好葡萄酒事業的金融界大老，詹姆士・羅斯柴爾德（James Rothschild）男爵奪下這個頂級酒莊。自此以後，拉菲酒莊便改為拉菲・羅斯柴爾德直至現今。

　　自從拉菲酒莊被羅斯柴爾德家族買下以後，梅多克地區進入所謂的「黃金時代」（Golden Age），掀起一股高級葡萄酒的空前風潮。可惜好景不常，該區的葡萄園因為根瘤蚜蟲害（Phylloxera），導致所有農地全毀。再加上經年累月的戰爭與德軍的侵襲等，讓拉菲酒莊陷入前所未有的磨難。

　　面對這個困境，在金融界呼風喚雨的羅斯柴爾德家族，靠著卓越的經營手腕，在 1945 年世界大戰結束以後，重新整頓拉菲，一點一滴的恢復往日的榮光。

　　不過話雖如此，全球景氣在 1959 年後再度低迷。例如 1970 年代，因為葡萄酒連年歉收，讓波爾多陷入一片愁雲慘霧。其中，拉菲酒莊更是惡評不斷，被批評是「摻了水的葡萄酒」。

　　直到 1981 年，拉菲酒莊澈底改善品質以後，才重新獲得市場認同。之後，適逢 1982 年葡萄豐收，各大評酒家紛紛表示拉菲總算苦盡甘來，守得雲開見月明。尤其是 1982 年產的拉菲，因為酒體結實，讓羅伯特・派克讚賞：「這個年分超級飽滿，必須耐心等到 21 世紀，才不會暴殄天物。」同時掩不住興奮的說：「這是繼 1953 年與 1959 年以來，難得一見的佳作。」

　　於是，拉菲酒莊搭上日本的泡沫經濟、美國的高級葡萄酒風潮與香港拍賣熱，成為國際頂級葡萄酒的代表，揚名世界。

SECOND WINE

卡旭德・拉菲
CARRUADES DE LAFITE

拉菲酒莊的二軍品牌，但釀製過程嚴謹，
完全不輸一軍酒款。每年約生產 2 萬箱，
品質穩定而備受好評。酒款名稱取自於
1945 年購入的「卡旭德」（Carruades）
葡萄園。

約**9,600**元

瑪歌酒莊
CHÂTEAU MARGAUX

市價行情
約 **2.2** 萬元

主要品種
卡本內・蘇維濃、梅洛、
小維多

好年分
1900,28,53,82,86,90,
95,96,2000,05,09,10,
15,16,17

酒標上的建築物興建
於 1801 年。外觀為當
時法國罕見的新帕拉
第奧（Neo-Palladian）
風格。造型唯美，素
有「梅多克凡爾賽宮」
之稱，為該酒莊的一
大特色。

▎瑪歌——連英國首相、美國總統都是粉絲

　　瑪歌酒莊的葡萄酒一向被譽為「最有女人味的波爾多」。加上酒標上華麗的城堡圖樣，讓它的高貴優雅有口皆碑。雖然瑪歌葡萄酒初期展現一種強而有力、精力充沛的男性風味。然而，隨著時間熟成，由強轉弱，透露出有如女性溫柔婉約的一面。

　　瑪歌酒莊開始嶄露頭角，可以追溯至 16 世紀。話說 16 世紀後期，瓶裝紅酒開始在英國與荷蘭掀起流行，導致一些搶搭順風車的劣酒有機可乘。不過，瑪歌酒莊因葡萄的種植技術精良，早在那個年代出產的葡萄酒便與眾不同，名聲甚至遍及全歐洲。1705 年，在倫敦舉辦首場葡萄酒拍賣會上，瑪歌提供的 230 桶葡萄酒，全以高價售罄。

　　甚至英國第一位首相羅伯特・沃波爾（Robert Walpole）爵士也是瑪歌的粉絲，聽說他時常跟瑪歌訂貨，幾乎每三個月就訂四桶。他作為英國精英的龍頭，自然奠定精英階層必與高級紅酒（claret，指波爾多紅葡萄酒）為伴的社會形象。

　　美國第三任總統湯瑪斯・傑佛遜也對瑪歌愛不釋手，他曾說：「世上找不到比瑪歌更吸引人的波爾多了（There couldn't be a better Bordeaux bottle.）。」

　　此外，瑪歌在凡爾賽宮的人氣也不遑多讓，甚至與拉菲分庭抗禮。相較於龐巴度夫人對拉菲的情有獨鍾；杜巴利夫人（Madame du Barry）偏愛瑪歌，聽說兩人還曾因此互別苗頭。

　　在 1855 年的梅多克評鑑中，瑪歌不負眾望榮登一級酒莊。之後，順利的往「葡萄酒女王」的道路邁進。

　　可惜好景不常，隨後波爾多因為根瘤蚜蟲害，讓瑪歌的葡

萄園幾乎全軍覆沒。之後，經濟大蕭條與世界大戰等接踵而來，讓全世界陷入一片慘淡，瑪歌的營運也隨之低迷，同時風評一落千丈。

讓當時的瑪歌起死回生的，是 1900 年產的葡萄酒。該年是波爾多風調雨順的一年。其中，瑪歌釀造的葡萄酒更是出群拔粹。多虧這個年分酒才讓瑪歌保住歷史英名與尊嚴。

1900 年產的瑪歌，堪稱葡萄酒的奇葩。雖然歷經百年，卻始終保有初釀時的鮮活感。而且聽說直至 2030 年都歷久不衰。當然，羅伯特・派克對於這個年分也是推崇備至，無話可說。

瑪歌酒莊雖然在歷經艱辛後，成功的起死回生。然而，1970 年代的葡萄酒卻被酒評家批評得一文不值。特別是 1973 年，葡萄歉收重擊瑪歌，讓他們的名聲再次跌落谷底。

及至 1977 年，希臘的富豪安德烈・門澤普洛斯（Andre Mentzelopoulos）以破天荒的高價 7,200 萬法郎（約新臺幣 3.7 億元）買下瑪歌。之後，由科麗（Colline）女士接管父業。在她的勵精圖治下，僅僅 81 位員工（2018 年 5 月資料）便創造出百億元的業績。該公司目前仍是國際間員工人數最少，卻能締造百億元業績的知名企業，每年出貨量高達 30 萬瓶以上。

SECOND WINE

紅亭，瑪歌酒莊
PAVILLON ROUGE DU CH.MARGAUX

紅亭為瑪歌在 1908 年創立，當時利用葡萄
次級品釀造的二軍品牌。
現今的紅亭選用一軍等級葡萄，同時透過獨
特的混釀配方，打造出瑪歌風格的絲綢感。

約 6,300 元

拉圖酒莊

CHATEAU LATOUR

市價行情

約 2.5 萬元

主要品種

**卡本內‧蘇維濃、梅洛、
卡本內‧弗朗**

好年分

1921,48,49,55,59,61,
62,66,71,75,78,82,90,
95,2000,03,05,09,10,
12,15,16,17

拉圖塔作為拉圖酒
莊的象徵，至今仍
在當地屹立不搖。

GRAND VIN
DE
CHATEAU LATOUR

PREMIER GRAND CRU CLASSÉ

APPELLATION PAUILLAC CONTRÔLÉE

PAUILLAC-MÉDOC

1961

MIS EN BOUTEILLES AU CHÂTEAU

SOCIÉTÉ CIVILE DU VIGNOBLE DE CHÂTEAU LATOUR
PROPRIÉTAIRE A PAUILLAC‧GIRONDE

拉圖酒莊：長期熟成的「長壽」葡萄酒

拉圖酒莊自 1718 年歸為「葡萄王子」（The prince of wine）賽居（Ségur）伯爵所有後，便正式推展釀酒事業。

拉圖酒莊多虧賽居伯爵的釀酒天賦，而榮登梅多克一級酒莊之列。不過根據記載，即使遠在 1787 年尚無分級制度的年代，拉圖葡萄酒的售價也比其他酒莊高出 20 倍。可見拉圖酒莊的人氣其來有自。

拉圖酒莊的葡萄酒以長期成熟型居多，在五大酒莊中更以「長壽」聞名。過強的單寧酸，至少要花上 15 年熟成，才能展現出原始風味。

這是因為拉圖酒莊擁有得天獨厚的土壤與地理條件。該酒莊附近有高達 47 公頃、被譽為波爾多風水寶地的「內圍園」（l'Enclos）。由當地百年老藤所釀造的葡萄酒，在濃烈的單寧酸中，透露出一種優雅與深沉的風味。

此外，近年來拉圖酒莊在品質控管方面，更是有口皆碑。如 1991 年被稱為「波爾多惡夢」，不少酒莊在這年因為氣溫過低、日照不足而感到無奈。然而，拉圖酒莊卻透過降低產量，釀造出極品，羅伯特·派克更如此評價：「濃郁又不失高雅。」

截至 1993 年，拉圖酒莊歸於古馳（Gucci）與佳士得總裁，亦為法國富豪的弗朗索瓦·皮諾（Francois Pinot），皮諾利用充沛的資金，讓所有設備煥然一新。

例如採用電腦恆溫控制系統，或一次混釀型特製酒槽，以避免單寧酸的影響等穩定品質的各種因應措施。

這些努力讓拉圖酒莊在近年得到高人氣。2003 年，大多數

酒莊因為乾旱或缺水而奄奄一息，但拉圖酒莊透過提高早收型梅洛的混釀比例，而榮獲派克採點百分滿點的殊榮。

2012 年，拉圖酒莊宣布取消預購制度（按：波爾多傳統的期貨交易。指預先訂購靜待熟成，尚未出貨的葡萄酒），瞬間引發社會一片譁然。換句話說，拉圖酒莊從此只出售完全熟成，即開即飲的葡萄酒。

這表示，拉圖酒莊須將葡萄酒放在酒窖中，熟成幾年才能對外售出。雖然這段時間拉圖沒有進帳，但因皮諾資本雄厚，他們才能有此破釜沉舟的決定。

這個策略，讓拉圖酒莊擺脫過去被部分投資家或葡萄酒基金，透過預購壟斷葡萄酒的惡習。外界期待或許一般民眾也能因此用更合理的價格，享受拉圖的葡萄酒。

此外，拉圖更於 2015 年宣布，所有酒款全採用有機葡萄。

事實上，葡萄的農藥問題是長久以來社會關注的議題。因為一般在釀酒時，採完葡萄之後，葡萄不會經過清洗，而是直接壓榨。因此，早有輿論指出，這種製程可能讓葡萄酒夾帶農藥，會影響人體健康。事實上，釀酒師中也有人深受農藥所苦。

有機葡萄雖然立意良好，但耗時費事又增加人工成本。此外，產量也減少 20％。因此，不少酒莊即使有心為之，也望之卻步。

特別是占地較廣的葡萄園，維持成本更加不易。拉圖酒莊自 2008 年起，便著手規畫有機製程。及至 2018 年，有機葡萄酒終於正式上市。

SECOND WINE

拉圖堡
LES FORTS DE LATOUR

拉圖堡自 1966 年推出首釀年分酒以來，
只在限定年分生產，1990 年作為二軍品牌
以後，便納入正規製程。

除了採用一級葡萄酒的葡萄以外，混釀時
亦透過試飲，判斷品質是否符合標準。雖
是二軍，但風評不輸其他梅多克等級的葡
萄酒。

約 7,000 元

THIRD WINE

拉圖波雅克
PAUILLAC DE LATOUR

副牌紅酒，選用低於二軍標準的葡萄。相當稀
有，產量僅有一級葡萄酒的 10%。拉圖酒莊首
次推出的副牌等級。

約 2,700 元

歐布里雍堡

CHATEAU HAUT-BRION

市價行情

約 **1.6** 萬元

主要品種

梅洛、卡本內‧蘇維濃、
卡本內‧弗朗

好年分

1926,28,45,55,61,89,
90,98,2000,05,09,10,
12,15,16

酒瓶造型獨特且罕見，
是為防止假酒仿冒特地
研擬的對策。

歐布里雍堡──歷史最久、極受英國人青睞

在 1855 年的梅多克評鑑中，唯一不在梅多克產區，又雀屏中選的酒莊，是位於格拉夫（Graves）的歐布里雍堡（Château Haut-Brion）。這座歷史悠久的酒莊，遠自 1500 年代便從事釀酒事業，名聲遍及歐洲。因此成為梅多克評鑑中，轄區以外的特例。最近，根據紀錄顯示，其實遠在 1423 年，歐布里雍堡便已開始種植葡萄，於是一躍成為歷史最悠久的酒莊而成為話題。

相較於原是沼澤地的梅多克，格拉夫不僅土質優良，而且陽光充沛，自古以來便是栽種葡萄的良田。

歐布里雍堡的葡萄酒展現出格拉夫地區的特色，與梅多克的五大酒莊相比，口感柔和滑潤，人們接受度極高。而且無須熟成便可享用，堪稱五大酒莊中，「品鑑期最久」的葡萄酒。

歐布里雍堡尤其受英國人青睞。例如根據查理二世的帳冊記載，1660 年與 1661 年舉辦的宮廷晚宴中，提供了 169 瓶的歐布里雍堡。因此，該酒莊才被公認為歷史最悠久的奢華品牌。

就像現代極具影響力的葡萄酒評論家羅伯特·派克，當時的政府高官塞繆爾·皮普斯（Samuel Pepys）在倫敦試喝以後，驚為天人，他說：「這瓶來自法國的歐布里雍堡，是我一生中喝過最傑出又獨樹一格的紅酒。」1666 年，倫敦甚至開了一家專門提供歐布里雍堡的小酒館，可見受歡迎之程度。

從那個年代開始，歐布里雍堡便與英國密切來往。直至現今，歐布里雍堡仍然受到不少英國知名酒評家的推崇。

提起該酒莊最讓人津津樂道的，莫過於品質卓越的「歐布里雍堡白酒」（CH. HAUT BRION BLANC）。

　　格拉夫地區的一大特色就是平均溫度比梅多克高出兩度。這種地理環境特別適合種植榭密雍（Sémillon）或是白蘇維濃（Sauvignon blanc）等葡萄品種。

　　這款白酒每年均榮獲派克採點的佳評，而且產量稀少，每年僅生產 450 箱到 650 箱（約 5,400 瓶到 7,800 瓶）。因此，只要在拍賣會上推出，總是高價成交。

歐布里雍堡白酒
CH.HAUT BRION
BLANC
約 **2.7** 萬元

克蘭斯‧歐布里雍
LE CLARENCE DE HAUT-BRION

歐布里雍堡的二軍品牌。歐布里雍堡遠在 17
世紀便生產二軍酒款。當時命名為「歐布里雍
葡萄酒」（châteaux vin Haut-Brion），後來為
紀念克蘭斯家族的 75 週年紀念，便於 2007
年改名為「克蘭斯‧歐布里雍」（Clarence De
Haut-Brion）。葡萄雖然選用一級園中的次級
品，但釀造出來的品質連羅伯特‧派克也讚不
絕口。其中又以略帶菸草的香味與絲綢般的口
感為一大特色。

約 **4,000** 元

木桐・羅斯柴爾德酒莊

CHÂTEAU MOUTON ROTHSCHILD

市價行情
約 **1.9** 萬元

主要品種
卡本內・蘇維濃、梅洛、
白蘇維濃、小維多

好年分
1929,45,47,55,59,61,
82,86,98,2005,09,10,
15,16,17,18

酒瓶上的標籤，每年皆由知名畫家精心設計。

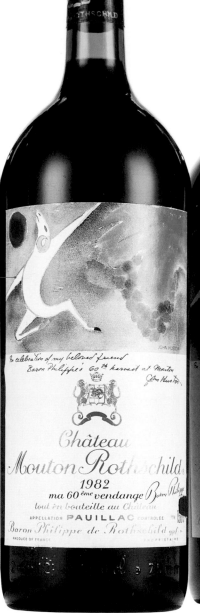

木桐酒莊 ── 畫壇巨匠加持的頂級珍釀

只要提起木桐酒莊（Château Mouton Rothschild），最為世人津津樂道的，莫過於酒標每年都會更新的圖案。而為該酒莊捉刀的，全是畫壇巨匠，例如畢卡索（Pablo Picasso）、夏可爾（Marc Chagall）與法蘭西斯‧培根（Francis Bacon）等。

其中，又以約翰‧休斯頓（John Huston）為 1982 年產所畫的羔羊（Mouton，見左圖）不只造型可愛，更適逢波爾多當年風調雨順，因此成為收藏家的榜上名單。

1973 年，畢卡索專為木桐酒莊的酒標畫作（見下圖），對木桐粉絲來說，這年是珍藏的年分。因為這一年對於木桐酒莊而言，意義重大。

木桐酒莊的名稱始自於 1853 年。

話說，英國銀行世家羅斯柴爾德家族的成員內森尼爾（Nathaniel Rothschild）在金融界頗有斬獲，因此買下當時的酒莊，同時改名為木桐酒莊，從此開啟新一頁歷史。

木桐酒莊原是由前兩任莊主，亦即擁有拉菲與拉圖酒莊的賽居伯爵所興建。其後，由下一任莊主布朗（Brane）男爵耗費幾乎可以買下拉菲或拉

▲畢卡索為 1973 年木桐酒標所畫的作品。

圖的巨資，提高木桐酒莊的品質。

　　就在酒莊改名為木桐的兩年後，適逢「梅多克分級評鑑」。當時，外界一致看好木桐必定高居一級無疑。

　　結果發表後，沒想到木桐酒莊竟然只是區區的二級。於是各種揣測紛紛出籠，例如，因為內森尼爾是英國人，他的父親又是因拿破崙戰敗，才獲得巨富，而評審清一色是法國人，怎麼會給內森尼爾好臉色看。

　　內森尼爾在得知結果後表示：「木桐雖然沒登上一級，但也絕對不會屈居第二位。我們自有該走的道路。」同時，自此為晉升一級而努力。

　　歷經 118 年，木桐酒莊總算如願以償晉升一級。這個歷史性的一刻正是 1973 年。

　　諷刺的是，1973 年風不調、雨不順，所以釀造出來的品質很糟糕，可是這個年分酒對於木桐粉絲意義非凡，是勝利的象徵。可以說是任何喜慶場合必備的一款。

　　那是因為酒標上寫著：「即使晉升一級，也與過去二級的木桐無異（PREMIER JE SUIS, SECOND JE FUS, MOUTON NE CHANGE.）。」

　　話說回來，木桐酒莊早在加州葡萄酒沒沒無聞的 1970 年代，便進軍當地打造法式酒莊，還與有加州葡萄酒之父美譽的羅伯特・蒙岱維（Robert Mondavi）合作推出，融合舊世界與新世界（按：一般習慣將法國或義大利等傳統葡萄酒大國，稱為舊世界〔Old World〕；而美國加州或智利等新興葡萄酒國家，則稱為新世界〔New World〕）的第一樂章（見第 206 頁）。

木桐酒莊之小木桐
LE PETIT MOUTON DE MOUTON ROTHSCHILD

1994 年正式推出的二軍品牌，選用幼藤葡萄，同時比照一級葡萄酒的製程。初期評價雖然不高，但 2005 年以後因為品質的提升，2009 年與 2010 年的葡萄酒備受好評。成為五大酒莊中，交易量最高的二軍品牌。

約 7,700 元

梅多克分級制度與酒莊一覽

一等 PREMIERS GRANDS CRUS（一級酒莊）

酒莊	AOC	酒莊	AOC
拉菲·羅斯柴爾德酒莊	波雅克	瑪歌酒莊	瑪歌
拉圖酒莊	波雅克	木桐·羅斯柴爾德酒莊	波雅克
歐布里雍堡	佩薩克·雷奧良		

二等 DEUXIÈMES GRANDS CRUS（二級酒莊）

酒莊	AOC	酒莊	AOC
里奧維·拉斯卡斯酒莊	聖朱里安	碧尚·隆格維爾·巴宏酒莊	波雅克
杜庫·柏開優酒莊	聖朱里安	碧尚·隆格維爾·拉蘭德女爵酒莊	波雅克
里奧維·波菲酒莊	聖朱里安	杜佛·薇恩酒莊	瑪歌
里奧維·巴頓酒莊	聖朱里安	侯松·謝格拉酒莊	瑪歌
葛蘿·拉蘿斯酒莊	聖朱里安	侯松·加西酒莊	瑪歌
高斯·戴斯圖內爾酒莊	聖愛斯臺夫	拉斯康酒莊	瑪歌
玫瑰山酒莊	聖愛斯臺夫	布朗·康田酒莊	瑪歌

三等 TROISIÈMES GRANDS CRUS（三級酒莊）

酒莊	AOC	酒莊	AOC
拉·拉貢酒莊	上梅多克	克旺酒莊	瑪歌
拉葛蘭其酒莊	聖朱里安	蒂頌酒莊	瑪歌
朗高·巴頓酒莊	聖朱里安	馬勒斯考酒莊	瑪歌
卡隆·賽居酒莊	聖愛斯臺夫	波依·康田酒莊	瑪歌
幾斯庫酒莊	瑪歌	狄仕美酒莊	瑪歌
帕瑪酒莊	瑪歌	費里埃酒莊	瑪歌
康田·布朗酒莊	瑪歌	碧加侯爵酒莊	瑪歌

*AOC：即「法定產區管制」（Appellation d'Origine Contrôlée）

四等 QUATRIÈMES GRANDS CRUS（四級酒莊）			
拉圖卡內酒莊	上梅多克	拉馮·侯雪酒莊	聖愛斯臺夫
班尼·杜克酒莊	聖朱里安	杜哈·米隆酒莊	波雅克
貝許維爾酒莊	聖朱里安	普里·立欣酒莊	瑪歌
聖彼得酒莊	聖朱里安	寶爵酒莊	瑪歌
塔波酒莊	聖朱里安	德達侯爵酒莊	瑪歌

五等 CINQUIÈMES GRANDS CRUS（五級酒莊）			
奧巴特利酒莊	波雅克	貝兒葛拉芙酒莊	上梅多克
拉古斯酒莊	波雅克	卡門賽克酒莊	上梅多克
杜卡斯酒莊	波雅克	康特米爾酒莊	上梅多克
林奇·慕沙酒莊	波雅克	高斯·拉百麗酒莊	聖愛斯臺夫
歐巴居·里培拉酒莊	波雅克	龐德·卡內酒莊	波雅克
克拉·米蘭酒莊	波雅克	林奇·巴居酒莊	波雅克
庫歇巴居酒莊	波雅克	達瑪雅克酒莊	波雅克
都薩克酒莊	瑪歌	百德詩歌酒莊	波雅克
鐵特酒莊	瑪歌	巴特利酒莊	波雅克

一等 PREMIERS GRANDS CRUS
（一級酒莊）

二等 DEUXIÈMES GRANDS CRUS
（二級酒莊）

三等 TROISIÈMES GRANDS CRUS
（三級酒莊）

四等 QUATRIÈMES GRANDS CRUS
（四級酒莊）

五等 CINQUIÈMES GRANDS CRUS
（五級酒莊）

第三章

五大酒莊以外，
酒評讚譽的
波爾多左岸佳釀

流經波爾多的加隆河（Garonne）在市中心的北方，與多爾多涅河（Dordogne）匯合成吉隆特河（Gironde）以後，流向大西洋（見第 5 頁）。

　　加隆河分割部分波爾多，沿岸兩側盡是葡萄園。梅多克、格拉夫與索甸等地稱為左岸；而波美侯（Pomerol）與聖愛美濃（Saint-Émilion）等，則稱為「右岸」。

　　波爾多的五大酒莊雖然集中在左岸。事實上，左岸還有不少歷史留名的偉大酒莊。接下來，就讓我們一一探訪。

卡隆·賽居酒莊

CHÂTEAU CALON-SÉGUR

市價行情

約 **4,000** 元

主要品種

**卡本內·蘇維濃、梅洛、
卡本內·弗朗、小維多**

好年分

1924,26,28,29,47,49,
53,95,2000,05,09,10,
15,16,17,18

這款紅酒是舉世聞名
的告白極品，亦是情
人節中，最受歡迎的
一款。

卡隆·賽居酒莊——莊主的愛反映在酒標上

　　大多數人對貼有獨特愛心標籤的卡隆·賽居酒莊（Château Calon-Ségur）的印象是「惹人憐愛」，卡隆·賽居酒莊釀造的紅酒，總讓生性浪漫的人情有獨鍾。

　　然而，最深愛該酒莊的當屬前莊主賽居伯爵。

　　在波爾多歷史輝煌的 18 世紀，賽居伯爵擁有不少鼎鼎大名的酒莊，例如拉圖、拉菲或木桐等。他甚至被路易十五稱為葡萄王子，在當時的葡萄酒界是響叮噹的人物。

　　而他心心念念的，卻是當時被稱為卡隆（Calon）的酒莊。後來，賽居伯爵幾經努力，總算將卡隆收為己有。於是，便將在原來的名稱加上家族姓氏，改為卡隆·賽居酒莊。

　　即使後來伯爵手下的酒莊幾近脫手，唯獨卡隆·賽居始終不放。他熱切的說：「雖然拉圖與拉菲同樣是酒莊，但我的心卻在卡隆·賽居身上。」最讓世人津津樂道的是，他竟然將他的熱愛用愛心標示在酒瓶上。

　　在 1894 年，卡隆·賽居酒莊由歐洲名門的加斯柯頓（Gasqueton）家族接手，細心守護一段漫長的歲月後，才在 2012 年被法國的大型保險公司以 1.7 億歐元（按：約新臺幣 57 億元）收購。

　　該保險公司收購後，耗資 2,000 萬歐元（按：約新臺幣 6.64 億元）翻新設備，更換葡萄品種，讓卡隆·賽居的葡萄酒戲劇性的改頭換面。目前，該酒莊已在梅多克三級莊園中嶄露頭角，獨占鰲頭。

高斯・戴斯圖內爾酒莊

CHATEAU COS D'ESTOURNEL

市價行情

約**5,800**元

主要品種

卡本內・蘇維濃、梅洛、卡本內・弗朗、小維多

好年分

1953,55,82,85,90,95,
96,2000,01,02,03,04,
05,06,08,09,10,11,14,
15,16,17,18

OTHER WINE

高斯・梅多克

LE MÉDOC DE COS

約 **1,100** 元

經濟實惠的高斯・梅多克，酒標上的大象圖案，戴斯圖內爾同樣洋溢東方風情。

風格獨特的東方風建築。

營業方針改變高斯‧戴斯圖內爾酒莊的命運

　　高斯‧戴斯圖內爾酒莊（Château Cos d'Estournel）雖然在梅多克評鑑中被歸類二級，但作為「超級二軍」（super second）之首，卻是一家歷史悠久，品質逼近一級的酒莊。

　　提到高斯‧戴斯圖內爾酒莊，最具特色的莫過於風格獨特的建築（如左頁酒標所示）。這是因為路易‧加斯帕‧戴斯圖內爾（Louis Gaspard d'Estournel ）在與印度的貿易往來而致富後，買下這個酒莊。因此，便將酒莊改成充滿東方風的造型。

　　他根據印度貿易的成功經驗，發揮生意天賦，透過全然不同的市場策略，推廣葡萄酒事業。

　　舉例來說，在 19 世紀初期，波爾多的酒莊習慣與仲介商（Négociant）合作銷售葡萄酒。然而，高斯‧戴斯圖內爾卻能不透過貿易商，成功的將銷售網觸及終端消費者。除此之外，他透過強而有力的人脈，以印度為中心，拓展海外市場，讓酒莊的業績蒸蒸日上。

　　1852 年，當戴斯圖內爾莊主病逝後，新任莊主決定透過貿易商或經紀商（courtier，貿易商與酒莊的仲介業者）行銷。這個營業方針的轉變讓酒莊的命運從此不同。

　　因為在 1855 年的梅多克評鑑中，參賽者的評選與審查，主要由貿易商與經紀商擔任。因此，若非當時改變營運方針，或許就與二級酒莊無緣。高斯‧戴斯圖內爾的釀酒師普拉特（Prats）曾跟我說：「當時，如果不是交給貿易商行銷的話，或許世上就沒有這個酒莊了。」

里奧維‧巴頓酒莊

CHÂTEAU LÉOVILLE BARTON

市價行情

約 **3,000** 元

主要品種

**卡本內‧蘇維濃、梅洛、
卡本內‧弗朗**

好年分

1945,48,49,53,59,91,
2000,03,09,10,14,15,
16

酒標上的大門，來自
於租借釀酒設備的朗
高‧巴頓酒莊。

里奧維·拉斯卡斯酒莊

CHÂTEAU LÉOVILLE
LAS CASES

市價行情
約 **7,200** 元

主要品種
**卡本內·蘇維濃、梅洛、
卡本內·弗朗**

好年分
1982,85,86,90,96,
2000,05,06,09,10,12,
14,15,16,17,18

為酒莊地標——
拉斯卡斯大門。

里奧維·波菲酒莊

CHÂTEAU LÉOVILLE
POYFERRÉ

市價行情
約 **3,300** 元

主要品種
**卡本內·蘇維濃、梅洛、
小維多、卡本內·弗朗**

好年分
1982,90,2000,03,
04,05,08,09,10,14,
15,16,17,18

法國大革命與名門家族的分道揚鑣

梅多克的聖朱里安村北部有「里奧維三兄弟」經營的釀酒廠，分別是里奧維・巴頓（Léoville Barton）、里奧維・拉斯卡斯（Léoville Las Cases）與里奧維・波菲（Léoville Poyferre）。

這三家「里奧維莊園」（Domaine de Léoville）其實是同一家酒莊。里奧維酒莊擁有梅多克地區最早、歷史最悠久的葡萄園。後來受到法國大革命的影響，自 1820 年到 1840 年之間，農地被切割為三大塊。於是，酒莊便一分為三，各自獨立。這三家酒莊在分道揚鑣以後的 1855 年，成功入選為梅多克分級制度中的二級酒莊。

其中，里奧維・巴頓更是始終維持一定的品質與經濟實惠的價格，贏得葡萄酒愛好家的一致好評。而且，每年都入選為性價比最高的酒莊之一。

不過里奧維・巴頓卻有一個二級酒莊罕見的特色，那就是沒有自己的釀酒廠。他們在巴頓家族經營的朗高・巴頓酒莊（Château Langoa Barton）中，借用部分設施自行釀酒。這也是為什麼里奧維・巴頓的葡萄酒價格，比其他酒莊還經濟實惠。

除此之外，市面上的葡萄酒一般採標準瓶裝（Standard，750 毫升）或 1.5 公升瓶裝（Magnum）兩種尺寸。然而，巴頓酒莊卻偏愛生產皇室瓶（Imperial，6 公升）以上的超大容量，專供大型聚會之用。

事實上，我也曾在一場兩百多名嘉賓的派對中，目睹用光之王瓶（Melchior，18 公升）裝的巴頓。那瓶酒分量非凡，足足有普通酒瓶的 24 倍。而且只須一瓶便能讓與會嘉賓共享美酒。

里奧維‧拉斯卡斯被譽為超級二軍的代表，每年生產的葡萄酒均獲得極高評價。根據倫敦國際葡萄酒交易所 Liv-ex 公司，於 2017 年的調查資料顯示，該酒莊的交易價格其實不容小覷，竟然高居波爾多左岸酒莊第八名。

拉斯卡斯酒莊的葡萄園得天獨厚，位於聖朱里安村最佳的地理位置。而且，受到附近吉隆特河的影響，氣候是極其罕見的微氣候（按：Microclimate，指一個細小範圍內的氣候與周遭環境有異）。這種氣候下的葡萄收成較早，再加上河川產生的霜氣能保護果實，特別適合種植卡本內‧蘇維濃與卡本內‧弗朗。因此，才能釀造出如此優質的佳釀。

特別是 1982 年與 1986 年產，品質之精良完全不輸一級葡萄酒。連酒評大師羅伯特‧派克也讚不絕口。

里奧維‧波菲酒莊是里奧維三兄弟中，被譽為品味最高的葡萄酒。該酒莊的名稱來自於第一任莊主波菲男爵（Baron Jean-Marie de Poyferre）。在 19 世紀後期至 20 世紀，該酒莊原本獨占風騷，為三家酒莊之最。可惜的是，第二次世界大戰以後，因為經營不善而名聲一落千丈。

然而，自從 1979 年迪迪爾‧居弗利埃（Didier Cuvelier）加入經營團隊以後，努力改善葡萄園與酒莊。1994 年與知名的葡萄酒顧問米歇爾‧羅蘭（Michel Rolland）攜手合作，全面改造品質。重新出發的波菲酒莊不負眾望，被推崇為「聖朱里安的品質保證」。

葛蘿·拉蘿斯酒莊

CHÂTEAU GRUAUD LAROSE

市價行情

約 **2,800** 元

主要品種

卡本內·蘇維濃、梅洛、
卡本內·弗朗、小維多、
馬爾貝克

好年分

1928,45,61,82,86,
2000,09,18

「LE VIN DES ROIS. LE ROI DES VINS.」
意思是葡萄酒之王，王者之葡萄酒。

在海底沉寂百年──葛蘿‧拉蘿斯

1991 年，有人在菲律賓近海發現一艘名為瑪莉‧泰瑞莎（Marie Therese）號的沉船，更在船艙發現賣格不菲的葡萄酒。

這個故事的緣由要從 1872 年說起，當時瑪莉‧泰瑞莎號裝載 2,000 瓶 1865 年（或 1869 年）產的葛蘿‧拉蘿斯（Gruaud Larose），從波爾多駛向西貢，不料這艘船卻在海上沉沒。在海底沉寂一百多年的葛蘿‧拉蘿斯重見天日以後，2013 年在一場蘇富比（Sotheby's）舉辦的拍賣會中，竟然以一瓶 22 萬元的價格成交。

葛蘿‧拉蘿斯酒莊自古以來始終維持二級酒莊的實力。

18 世紀前半，在波爾多的行銷網由仲介商把持下，葛蘿‧拉蘿斯酒莊直接賣酒給消費者。當葡萄酒熟成以後，他們便在酒莊插上一面大旗作為宣傳。

除此之外，該酒莊也另闢巧思：在酒莊內舉行另類拍賣會。通常拍賣會只要乏人問津，拍品就隨之降價。然而，他們卻反其道而行，反而在買家出現以前，抬高價格以免自貶身價。

2009 年，波爾多大多數酒莊都有亮眼的成績，其中葛蘿‧拉蘿斯的葡萄酒更是出類拔萃。

羅伯特‧派克甚至稱讚：「2009 年產的葛蘿‧拉蘿斯，是 1990 年以後最傑出的葡萄酒。」這款酒因此備受各界矚目。另外，隔年 2010 年出產的葡萄酒也獲得好評。根據 Liv-ex 公司同一年的年度期酒調查顯示，葛蘿‧拉蘿斯在業界也極受歡迎，高居第二名。

杜庫·柏開優酒莊

CHATEAU DUCRU-BEAUCAILLOU

市價行情

約 5,800 元

主要品種

**卡本內·蘇維濃、梅洛、
卡本內·弗朗**

好年分

1947,53,61,70,82,85,
95,2000,03,05,06,08,
09,10,14,15,16,17,18

SECOND WINE

十字柏開優

LA CROIX DE BEAUCAILLOU

約 1,700 元

2009 年起，酒標圖案採用滾石
樂團成員米克·傑格的女兒潔
姐（Jade）的設計（上圖）。

淡橘色的酒標在架上
特別搶眼。

※ 上圖為皇室瓶尺寸（6公升）

被石頭守護的酒莊——杜庫・柏開優

　　列屬梅多克二級的杜庫・柏開優（Ducru Beaucaillou）堪稱聖朱里安罕見的酒莊，因農地上布滿大塊石頭。然而多虧這些石頭的保護，讓葡萄的根部得以抵禦嚴寒與酷熱，同時兼具排水功能，因此此處栽種的葡萄更加豐碩。柏開優之所以能夠釀造出如此優質的佳釀，全拜這些美麗石頭（法文為 beaucaillou）所賜，因此該酒莊便以此為名。

　　直至 1795 年，伯納德・杜庫（Bertrand Ducru）買下這座酒莊後，便加入姓氏，改名為杜庫・柏開優酒莊（Château Ducru Beaucaillou）。

　　七十幾年來始終守護著這座酒莊的杜庫家族，在酒莊榮獲梅多克二級評鑑，身價高漲以後，以 100 萬法郎（按：約新臺幣 3,131 萬元）轉讓給知名葡萄酒商納薩尼爾・約翰斯頓（Nathaniel Johnston）。約翰斯頓除了買下該酒莊，還針對當時讓波爾多酒莊頭痛不已的霜霉病（Downy mildew，葡萄或蔬菜的疾病），研發出對抗病菌的波爾多溶液（Bordeaux mixture）。

　　2009 年起，二軍品牌「十字柏開優」（La Croix de Ducru-Beaucaillou）的酒標，更是委由滾石樂團（The Rolling Stones）主唱米克・傑格（Mick Jagger）的女兒，亦即知名珠寶設計師潔姐操刀，一時成為熱門話題。

　　柏開優為了鎖定年輕客層，而想了一個行銷策略——透過連結 Stones 與 Beaucaillou，強調酒莊與設計師之間的石頭情緣。當然，葡萄酒本身也頗受好評，不少酒評家稱之：「奢華中不失均衡。」

貝許維爾酒莊
CHÂTEAU BEYCHEVELLE

市價行情
約 **3,600** 元

主要品種
卡本內·蘇維濃、梅洛、
小維多、卡本內·弗朗

好年分
1948,53,82,2005,10,
16,18

酒標上龍船的半
旗，來自於酒莊
名稱。

希臘神話中，守
護葡萄酒神戴歐
尼修斯的獅鳶。

行船之聲，言猶在耳

貝許維爾（Château Beychevelle）是一家設立於 1565 年，歷史悠久的酒莊。

這片土地於 16 世紀時，歸屬法國海軍埃佩爾農（Épernon）公爵。當時，吉隆特河上往來的船隻，習慣行經時降半旗以示敬意。酒瓶上的標籤就是描繪當時的情景。據說船員會在這時大喊：「降下船帆、降下船帆（法文為 baisse voile）！」因此便成為酒莊名稱的由來。

此外，船上還有一隻獅鷲（griffin），在希臘神話中，牠負責守護葡萄酒神戴歐尼修斯。獅鷲自古以來便是祥瑞的象徵，因此貝許維爾在中國極受歡迎。

貝許維爾很早便進軍中國，透過各地舉辦的試飲會，成功搶進市場。這個機緣讓他們自 2009 年起的出口，幾乎以亞洲為主，而且業績成長迅速。

提起貝許維爾，總是令人聯想那座漂亮的城堡。面積寬闊的貝許維爾耗費無數歲月，重新打造城堡與庭園。1757 年竣工的城堡美輪美奐，甚至有「波爾多的凡爾賽宮」之稱。

城堡裡如同美術館般，隨處可見各種藝術作品。1990 年貝許維爾財團成立，大力培植現代藝術。除了葡萄酒愛好者以外，其他藝術家或美術界人士也都慕名而來。每年參訪人數高達兩萬名，是一個極其熱門的藝術景點。

碧尚・隆格維爾・巴宏酒莊

CHATEAU PICHON-LONGUEVILLE BARON

市價行情

約 **5,000** 元

主要品種

卡本內・蘇維濃、梅洛

好年分

1989,90,96,2000,01,
03,08,09,10,14,15,16,
17,18

碧尚・隆格維爾・拉蘭德女爵酒莊

CHATEAU PICHON-LONGUEVILLE COMTESSE DE LALANDE

市價行情

約 **5,500** 元

主要品種

卡本內・蘇維濃、梅洛、
小維多、卡本內・弗朗

好年分

1945,82,86,95,96,
2000,03,10,15,16,
17,18

碧尚‧隆格維爾一分為二，發展出不同特色

碧尚‧隆格維爾（Pichon Longueville）是一座自古以來便名聲響亮的酒莊，當莊主於 1850 年離世以後，酒莊便一分為二，由五位子女共同繼承。

由兩位兒子繼承的酒莊，稱為「碧尚‧隆格維爾‧巴宏」（Pichon Longueville Baron，俗稱碧尚男爵酒莊）；由三位女兒繼承的酒莊，則是「碧尚‧隆格維爾‧拉蘭德女爵」（Pichon Longueville Comtesse de Lalande，俗稱碧尚女爵酒莊）。

經過五年的經營，兩家酒莊在梅多克評鑑中均名列二級。同時，現在的水準更是直逼一級，因此被譽為超級二軍。

其中，由兒子繼承的碧尚男爵酒莊充滿男性氣息，釀造出來的葡萄酒單寧酸扎實，口感濃郁。未經充分熟成的葡萄酒，味道非常濃烈。

然而，隨著時間的流逝，逐漸變化出女性般的冶豔。絲綢般的口感與天鵝絨般的滑順，被譽為碧尚男爵的魔術，市場評價極高。

另一方面，碧尚女爵的 Comtesse de Lalande 意思是「拉蘭德伯爵」。這是拉蘭德伯爵夫人從三位女兒手中買下經營權後，另起的名稱。現今當地仍然能看到如此美麗的莊園，全是拉蘭德伯爵夫人的功勞。

或許是因為代代由女性經營的緣故，該酒莊的品味與葡萄酒的風味，在在展現女性優雅的格調。碧尚女爵又有「波雅克的貴婦」之稱，優雅與活力兼具的風味，備受各界矚目。

杜哈‧米隆酒莊

CHATEAU DUHART-MILON

市價行情

約 **2,800** 元

主要品種

卡本內‧蘇維濃、梅洛

好年分

2005,06,08,09,10,12,
14,15,16,17,18

瓶口鋁箔印有
杜哈莊主拉菲
的標記。

因為中國的拉菲熱，使
杜哈 2009 年到 2011 年
的酒款有拉菲二軍之稱，
而備受矚目。

杜哈‧米隆──海盜與高級酒

　　杜哈‧米隆酒莊（Château Duhart Milon）第一任莊主，其實是為路易十五服務、人稱杜哈爵士（Sieur Duhart）的「海盜」。杜哈先生的後裔直到 1950 年代都住在波雅克港附近，酒標上的建築物，就是符合海盜形象所設計的宅邸。

　　杜哈‧米隆在梅多克評鑑中雖然名列四級，但因為葡萄園一個一個的脫手，加上不斷更換莊主。讓原本大好的農園枯萎荒廢，最後陷入一蹶不振的窘境。

　　當時，該酒莊土地高達 110 公頃，卻只用 17 公頃來耕作。及至 1962 年被五大酒莊中的拉菲併購以後，才戲劇性的讓米隆重振往日雄風。新莊主羅斯柴爾德接手後，立即將其餘農地種滿葡萄樹，同時還買下鄰近農園。在 1973 年到 2001 年間，米隆的葡萄園比以前大上一倍，明顯改善酒莊的營運與銷售狀況。

　　經過長年累月的重整，杜哈‧米隆終於奪回四級以上的名聲。特別是 2008 年產的酒更是獲得酒評家青睞，一致以為品質甚至高於二級酒莊。由此可見羅斯柴爾德家族的實力。

　　除此之外，2009 年與 2010 年的葡萄酒也獲得羅伯特‧派克極高的評價，從此奠定杜哈‧米隆在葡萄酒界的地位。

　　羅伯特‧派克認為，拉菲酒莊讓杜哈‧米隆起死回生的投資非常成功。甚至稱讚杜哈‧米隆「即使被稱為拉菲二軍也絕不為過」。

林奇·巴居酒莊

CHATEAU LYNCH BAGES

市價行情

約 4,700 元

主要品種

卡本內·蘇維濃、梅洛、
卡本內·弗朗、小維多

好年分

1959,61,70,82,85,89,
90,96,2000,03,05,06,
08,09,10,14,15,16,17,18

SECOND WINE

林奇·巴居之迴響

ECHO DE LYNCH BAGES

約 1,400 元

產量不多，僅一軍葡萄酒的 20%
到 30%，但品質毫不遜色，堪稱
眾所矚目的二軍極品。酒莊原為
歐巴居·亞維宏，因過於拗口，
且不易記住，便改為現有名稱。

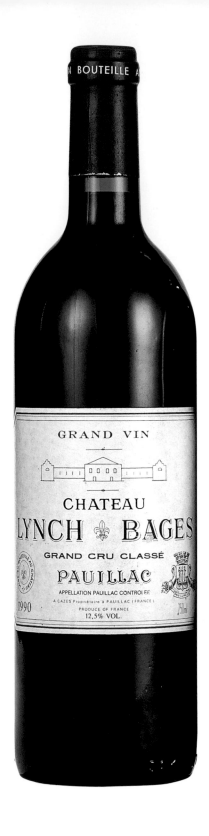

林奇・巴居──籃球之神御用慶功酒

　　林奇・巴居酒莊（Château Lynch Bages）在 1855 年的梅多克評鑑中，雖然分屬第五級，卻受到大多數酒評家的讚賞，紛紛表示「實力直逼一級酒莊」，或「當作超級二軍也不為過」。

　　歷史悠久的林奇・巴居位於波雅克村中，地理位置最佳的巴居之丘。當初以巴居為名，及至 1749 年由湯瑪斯・林奇（Thomas Lynch）繼任莊主以後，便改為林奇・巴居。

　　據聞在當年的梅多克評鑑中，因為該酒莊將所有權轉讓給瑞士的葡萄酒商，加上以「朱林・巴居酒莊」（Château Jurine Bages）之名參選，因此不入評審的法眼，而有滄海遺珠之憾。

　　後來，酒莊名稱改回林奇・巴居，1934 年由葡萄酒名門的卡茲（Cazes）家族買下，目前由第四代接管。一般以為，該酒莊之所以能夠打造出目前的品質，全部歸功於卡茲家族大刀闊斧的增購農地，與更改葡萄品種。

　　除此之外，卡茲家族交遊廣闊，上從政治圈下至運動界都廣結善緣。因此，林奇・巴居便理所當然的成為國際名流雅士的青睞。

　　例如，被譽為籃球之神的前 NBA 選手麥可・喬丹（Michael Jordan）就是其中之一。聽說，他某次造訪酒莊時，選中 1959 年、1961 年與 1982 年等年分佳的葡萄酒，一口氣各買十箱，並親自帶回芝加哥。喬丹一遇到球隊獲勝時，就開這些葡萄酒慶功。此外，其他像是愛爾蘭的前首相、葛萊美獎歌手等知名人士也都是林奇・巴居的粉絲，而且都曾經私下參訪。

帕瑪酒莊
CHATEAU-PALMER

市價行情
約 **9,300** 元

主要品種
梅洛、卡本內‧蘇維濃、小維多

好年分
1900,28,37,45,55,61,
66,71,83,86,89,99,
2000,02,04,05,06,08,
09,10,11,12,14,15,16,
17,18

相較於波爾多傳統的酒標造型，黑底金字的設計讓人眼睛為之一亮。

帕瑪酒莊：總是排名第七

　　酒瓶標籤上壯觀的城堡是帕瑪酒莊（Château Palmer），經13 年後，終於在 1856 年竣工。遺憾的是，好不容易完成的城堡，卻未能趕上 1855 年的梅多克評鑑，這個些微之差或多或少影響評分，因此讓帕瑪以三級的成績飲恨。不少葡萄酒愛好家以為，「當初如果城堡及時完成的話，帕瑪就是二級酒莊」。

　　話說回來，在 Liv-ex 公司根據市場交易金額定期發表的「現代酒莊分級」中，帕瑪酒莊可是高居二級酒莊的頭籌。

　　Liv-ex 公司的現代酒莊分級起始於 2009 年，每兩年發表一次。其中，帕瑪繼波爾多的五大酒莊與 LMHB（見 112 頁）之後，每次穩坐第七位。

　　帕瑪的前身是加斯克（Gasq）酒莊。當時，加斯克的莊主有意脫手，便探詢帕瑪將軍：「我有一個不輸給拉菲的酒莊，有沒有興趣接手？」沒想到雙方一拍即合，很快的完成這筆買賣。接手酒莊後，這位將軍將加斯克改為自家姓氏，於是開啟帕瑪酒莊的歷史。

　　加斯克酒莊當時的水準當然無法與拉菲相提並論，即便如此，帕瑪仍然極其滿意。甚至不斷添購鄰近的土地，短短數年內，葡萄園的面積擴增一倍以上，同時積極擴展海外市場。

　　可惜的是，酒莊的營運始終低迷，輾轉換了幾任老闆，目前由葡萄酒商馬勒・貝斯（Mahler Besse）與希契爾（Sichel）等歷史悠久的知名企業共同經營。

克雷蒙教皇酒莊

CHATEAU PAPE CLÉMENT

市價行情

約 **3,600** 元

主要品種

卡本內‧蘇維濃、梅洛

好年分

1970,90,2000,01,03,
05,08,09,10,11,12,14,
15,17,18

克雷蒙教皇酒莊 ── 天主專屬，凡人止步

格拉夫位在波爾多，這個產區堪稱獨樹一格，因為素以包辦紅、白葡萄酒聞名。

格拉夫雖然與梅多克同樣有獨自的評鑑制度（見120頁），卻不是所謂的分級，而是給予入選酒莊「列級」（Crus Classé）認證。

到目前為止，格拉夫列級的酒莊共有16家，而克雷蒙教皇酒莊（Château Pape Clément）便是其中之一。除此之外，該酒莊的表現越來越亮眼，始終不辱特級的頭銜。

自2000年後，克雷蒙教皇酒莊便屢次在派克採點中獲得佳績。其中，尤以2003年、2005年、2009年與2010年的表現，與梅多克的超級二軍分庭抗禮。甚至成為投資家的口袋名單。

除此之外，在Liv-ex公司依交易價格評鑑的酒莊分級中，克雷蒙教皇酒莊入選第二等級，甚至在羅伯特・派克2011年發表的「波爾多神奇20」（Magic 20）中也榜上留名。

話說回來，Château Pape Clément中的「Pape=教皇」，因此該酒莊有專屬克勉五世教皇之意。克勉五世出生於1264年，波爾多附近的維朗德羅（Villandraut），他也是奠定波爾多葡萄酒的功臣之一。

克雷蒙教皇酒莊的葡萄園原本就隸屬教皇所有，因此酒莊便沿用其名至今。據聞遠從1314年到1789年間，該酒莊釀造的葡萄酒僅供宗教儀式之用，並未對外公開販售。

歐布里雍修道院酒莊

CHÂTEAU LA MISSION HAUT BRION

市價行情
約 1.4 萬元

主要品種
卡本內·蘇維濃、梅洛、
卡本內·弗朗

好年分
1929,45,47,48,50,52,
53,55,59,61,75,78,82,
89,90,95,98,2000,01,
05,06,07,08,09,10,11,
12,14,15,16,17,18

LMHB 與羅馬天主教會的關
係，加上葡萄園裡的小教堂，
讓這家酒莊充滿宗教色彩。酒
標上甚至特地嵌上十字架。

歐布里雍修道院——五大酒莊的假想敵

　　歐布里雍修道院酒莊（Château La Mission Haut-Brion，簡稱 LMHB）的葡萄酒品質與一級酒莊不相上下，又有超級二軍以上的實力。因此，繼波爾多的五大酒莊以後，又有「第六酒莊」之稱。事實上，根據葡萄酒指標分析公司 Liv-ex 的資料顯示，即使就交易金額來看，LMHB 也是波爾多左岸中，僅次於五大酒莊的釀酒廠。

　　除此之外，該酒莊在市場上極受歡迎，風評不差。特別是 2000 年以後的酒款，更是佳評如潮，因此帶動葡萄酒的價格。即便是波爾多歉收的 2007 年，歐布里雍修道院的年分酒，仍在市場上逐年獲得肯定。由此可見該酒莊的實力。而且這個 2007 年產所受的好評，還高居當年的波爾多之冠。

　　除此之外，LMHB 對於二軍品牌或白酒也不遺餘力，特別是「歐布里雍修道院白酒」（CH. LA MISSION HAUT BRION BLANC）年產量 500 箱到 700 箱（約 6,000 瓶到 8,400 瓶），堪稱量少質精的一款。因此成為拍賣會的熱門拍品。該酒莊從前以拉維爾・歐布里雍（Laville-Haut-Brion）為名，自 2009 年起，改名為歐布里雍修道院。

歐布里雍修道院酒莊白酒
CH. LA MISSION
HAUT BRION BLANC

約 **1.65** 萬元

史密斯‧歐拉菲酒莊

CHATEAU SMITH HAUT LAFITTE

市價行情

約 **3,300** 元

主要品種
卡本內‧蘇維濃、梅洛、
卡本內‧弗朗

好年分
2000,01,04,05,09,10,
11,12,15,16,17,18

過去曾被譏為「睡美人」（Sleeping Beauty），自從 2009 年榮獲派克採點百分滿點的殊榮後，被譽為「睡美人的覺醒」。

▌一夜之間麻雀變鳳凰

　　史密斯・歐拉菲酒莊（Château Smith Haut Lafitte）因為地理環境的優勢，加上高貴不貴的售價，長期以來便是中等葡萄酒的代表。

　　1990 年，前奧林匹克滑雪選手卡迪亞（Cathiard）夫婦買下該酒莊以後，更是費盡心力提高品質。大型運動品店的經營有成，讓他們帶著豐富資金，大張旗鼓的為酒莊改頭換面。

　　總算皇天不負苦心人，他們夫妻的努力讓史密斯・歐拉斐在 2009 年的派克採點中，榮獲百分滿點的殊榮。這個結果成為該酒莊的一大轉機。就在百分滿點的消息一公布出來，2009 年產的訂單瞬間湧入，原本一瓶 97 歐元（約新臺幣 3,400 元）竟然飆升到 150 歐元（約新臺幣 5,200 元）。第二年的售價更是漲到 234 歐元（約新臺幣 8,200 元）。史密斯・歐拉菲因此被稱為績優股（Blue Chip），而備受關注。

　　事實上，史密斯・歐拉菲早在 1990 年便是波爾多少數生產高級白酒的酒莊之一。

　　這個白酒深得卡迪亞夫婦青睞，而讓他們起心動念買下該酒莊。現在的品質更是不可同日而語，堪稱繼歐布里雍或歐布里雍修道院之後的頂級白酒。

史密斯・歐拉菲酒莊，白酒
CH.SMITH HAUT LAFITTE BLANC

約 **3,300** 元

伊更堡
CHÂTEAU D'YQUEM

市價行情
約 1.2 萬元

主要品種
榭密雍·白蘇維濃

好年分
1811,47,69,1921,28,37,
45,47,71,75,76,83,86,
88,89,90,97,2001,05,
07,09,13,14,15,16,17

隨著歲月的流逝，葡萄酒的顏色由小麥色沉澱為琥珀色。

伊更堡——頂級甜酒引發的跨國之爭

加隆河與西隆（Ciron）河的交匯處有一塊貴腐葡萄酒的聖地——索甸（Sauternes）。貴腐酒入口即化，香甜濃郁，是葡萄酒界中知名的甜酒。

西隆河與加隆河的溫差，讓當地的清晨總是朝霧瀰漫。於是，貴腐黴菌（Botrytis cinerea）隨著霧氣，變得更活潑旺盛，進而穿破葡萄的外皮，使水分蒸發，葡萄乾縮後，糖分與酸度都更集中。換言之，貴腐葡萄酒之所以如此甜膩，可以說是大自然的鬼斧神工。

不過，世上唯有伊更堡（Château d'Yquem）才能透過無與倫比的傳統與釀酒技術，將貴腐酒的特性發揮極致。索甸與法國其他產區一樣，也有獨自的酒莊評鑑標準（見 121 頁）。而伊更堡便是索甸唯一榮獲最高等級的酒莊。在一棵葡萄樹僅能釀造出一杯貴腐酒的條件下，他們卻能夠一年生產 10 萬瓶左右。

伊更堡在中世紀時，便隸屬英格蘭國王，也就是阿基坦（Aquitaine）公爵所有，而且聲名遠播。法、英兩國甚至為了爭奪伊更堡而大動干戈，那是因為該酒莊的地理條件獨一無二，自古以來便為兵家必爭之地。

當英國在百年戰爭中敗北後，伊更堡的所有權移交給法國國王路易七世，同時由索瓦（Sauvage）家族負責打理。索瓦家族接手後，於 1642 年大刀闊斧，將過去栽種的紅酒品種全部改為白酒品種。

幾經努力，終於在 1666 年，摸索出現今的貴腐酒的風格。他們發現讓黴菌隨著葡萄一起釀造，竟能增添葡萄酒的香甜。

　　這個被視為花蜜般千金難買的佳釀，隨即成為國王御用的葡萄酒。據聞美國第三任總統湯瑪斯・傑佛遜造訪伊更堡時，還私下偷運幾桶地下室保管的葡萄酒。

　　自從 1711 年，索瓦家族從法國政府手裡買下伊更堡的所有權以後，1785 年到 1999 年改由呂爾・薩呂斯（Lur Saluces）家族接管。

　　在浩浩蕩蕩的 400 年間，伊更堡始終堅守酒莊的傳統與格調。不過，當 LVMH 集團（酩悅・軒尼詩－路易・威登集團，Moet Hennessy-Louis Vuitton）於 1996 年大肆蒐購該酒莊的股票以後，便引發一連串的併購紛爭。

　　薩呂斯伯爵當時擔心，一旦由 LVMH 集團接手，四百多年的傳統不僅蕩然無存，還可能讓伊更堡的葡萄酒如同奢侈品般大量推出。

　　因此，耗費兩年光陰，透過法律途徑與之抗衡。然而幾經周折，最後薩呂斯伯爵還是撤銷告訴，選擇雙方和解。於是伊更堡從此納入 LVMH 集團旗下。

　　併購前的伊更堡，酒瓶標籤上有一長串呂爾・薩呂斯的字樣。自歸納 LVMH 旗下以後，便簡化為索甸。

依格雷克
YGREC

伊更堡出產的白酒。因酒標上的英文字母，
一般暱稱「Y」。過去，只在貴腐黴菌未發生
的年分生產。但自 2004 年起，由於種植技術
的精進，便開始年年量產。酒莊的葡萄酒素
以甜膩聞名，但這款白酒卻展現清爽不甜的
乾型（dry，指葡萄酒不含殘糖，不甜。酒的
甜度可分四個等級，依序為乾型、半乾型、
半甜型、甜型）口感。

約 **5,000** 元

格拉芙及索甸酒莊一覽

格拉芙地區列級酒莊

※分為「紅酒」、「白酒」與「紅、白酒」等酒款

酒 莊 名 稱	入選酒款
歐貝立酒莊（Château Haut Bailly）	紅
歐布里雍堡（Château Haut-Brion）	紅
史密斯‧歐拉菲酒莊 （Château Smith Haut Lafitte）	紅
富佐酒莊（Château de Fieuzal）	紅
克雷蒙教皇酒莊（Château Pape Clément）	紅
歐布里雍堡酒莊（Château La Tour Haut Brion）	紅
歐布里雍修道院酒莊 （Château La Mission Haut-Brion）	紅
庫昂酒莊（Château Couhins）	白
庫杭‧露桐酒莊（Château Couhins Lurton）	白
拉維爾‧歐布里雍堡 （Château Laville Haut-Brion）	白
奧利維酒莊（Château Olivier）	紅‧白
卡本尼爾酒莊（Château Carbonnieux）	紅‧白
騎士酒莊（Domaine de Chevalier）	紅‧白
寶斯科酒莊（Château Bouscaut）	紅‧白
瑪拉提克酒莊（Château Malartic Lagraviere）	紅‧白
拉圖‧瑪提雅克酒莊 （Château Latour Martillac）	紅‧白

索甸地區高級酒莊

※ 含巴薩克（Barsac）

PREMIER CRU SUPÉRIEUR（特等一級酒莊）

伊更堡（Château d'Yquem）

PREMIERS CRUS（一級酒莊）

琪后酒莊（Château Guiraud）	古岱酒莊（Château Coutet）
克利蒙酒莊（Château Climens）	克羅·歐佩哈傑酒莊 （Château Clos Haut Peyraguey）
斯格拉·哈柏酒莊 （Château Sigalas-Rabaud）	旭第侯酒莊（Château Suduiraut）
漢·維紐酒莊 （Château de Rayne Vigneau）	拉佛瑞·佩哈傑酒莊 （Château Lafaurie Peyraguey）
哈柏·波米酒莊 （Château Rabaud-Promis）	布蘭琪堡酒莊 （Château La Tour Blanche）
胡賽克酒莊（Château Rieussec）	

DEUXIÉMES CRUS（二級酒莊）

開優酒莊（Château Caillou）	蘇奧酒莊（Château Suau）
達仕酒莊（Château d'Arche）	馬勒酒莊（Château de Malle）
米拉酒莊（Château de Myrat）	多西·偉德喜酒莊 （Château Doisy Vedrines）
多西·戴恩酒莊 （Château Doisy Daene）	多西·莒布羅卡 （Château Doisy Dubroca）
奈哈克酒莊（Château Nairac）	翡華酒莊（Château Filhot）
博思岱酒莊（Château Broustet）	拉莫特酒莊（Château Lamothe）
拉莫特·齊格諾酒莊（Château Lamothe Guignard）	侯梅酒莊（Château Romer）
侯梅·海鷗酒莊 （Château Romer du Hayot）	

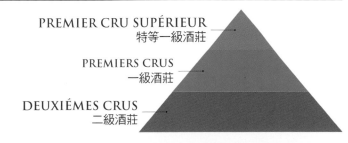

PREMIER CRU SUPÉRIEUR
特等一級酒莊

PREMIERS CRUS
一級酒莊

DEUXIÉMES CRUS
二級酒莊

第四章

波爾多右岸，小村莊也能釀出頂級極品，甘迺迪的最愛

提起波爾多右岸的葡萄酒產地，波美侯（Pomerol）與聖愛美濃（Saint Emilion）最有名。這兩個小村莊面積不大，然而，在如此狹窄的土地上，卻出現許多頂級葡萄酒。

波美侯以梅洛品種聞名。這個村莊雖然人口不到 1,000 人，但家家戶戶都以種植葡萄維生。話說 19 世紀，紅酒僅被用來當作午餐時的飲品，任誰也料想不到竟然能在高級葡萄酒市場占領一席之地。時至現今，波爾多數一數二的葡萄酒盡皆出於此處。

另一方面，1999 年被列為世界遺產的聖愛美濃，則是景緻優美的葡萄酒產地。村名原是為了紀念來此隱居的聖愛美濃修道士。多虧他的蒞臨，才讓此地發展成世界知名的葡萄酒產地。

當聖愛濃美修道士離世以後，弟子們打通地底的石灰岩，建造巨石教堂（Monolithic Church）。這座雄偉的教堂經過 300 年夙夜匪懈，終於竣工。自此聖愛美濃村成為信徒的朝聖之地，讓當地的釀酒事業也隨之興起。除此之外，石灰岩底下的空間，也是儲藏葡萄酒的不二之選，因此成為高級葡萄酒的搖籃。

彼得綠堡
PETRUS

市價行情
約 **9.6** 萬元

主要品種
梅洛、卡本內‧弗朗

好年分
1921,29,45,47,50,61,
64,67,70,75,89,90,95,
98,2000,05,08,09,10,
12,15,16,18.

> PETRUS 為希臘語，指
> 耶穌基督的大弟子「聖
> 彼得」。因此，酒標上有
> 聖彼得拿著耶穌交付的
> 天堂之鑰。

124

甘迺迪愛不釋手的波爾多極品

　　若論及世上有任何價格高於波爾多五大酒莊，又名氣鼎盛的葡萄酒，就絕對非彼得綠堡（Pétrus）莫屬。該酒莊的葡萄園僅有 11 公頃，而且每年限產 4,500 箱。因此，成為波爾多最昂貴且極品的葡萄酒。

　　彼得綠堡之所以揚名立萬，要從 1889 年的巴黎萬國博覽會說起。當時，彼得綠堡堪稱打遍天下無敵手，一舉拿下萬博會的金牌獎。

　　及至 1940 年代，當時的業主委託後來的莊主尚‧皮耶爾‧莫伊克（Jean Pierre Moueix），負責釀酒與行銷業務。雙方深信彼得綠堡絕對擁有波爾多頂級葡萄酒的實力，因此決定比照聖愛美濃村的白馬酒莊（Château Cheval Blanc，見 137 頁）的售價，將彼得綠堡培植成高級品牌。

　　在幾經努力之下，彼得綠堡果然大放異彩，逐漸往頂級葡萄酒的道路邁進。隨後，更在美國前總統約翰‧甘迺迪（John Fitzgerald Kennedy）的加持下，大舉進軍美國。加上 1982 年產適逢波美侯的風調雨順，連羅伯特‧派克也推崇備至，讓彼得綠堡便在一夕之間成為全球注目的焦點。這些因緣際會，讓彼得綠堡締造其他酒莊望塵莫及的地位與價值。

　　自從素有「梅洛先生」（Mr. Merlot）之稱的第二代掌門人克莉斯汀‧莫伊克（Christian Moueix），接管酒莊的釀造與營運以後，更是將彼得綠堡的神話發揮到極致。目前在第三代莊主愛德華‧莫伊克（Edouard Moueix）的帶領下，彼得綠堡的頂尖佳釀，仍然稱霸全球。

樂邦

LE PIN

市價行情

約 9.3 萬元

主要品種

梅洛・蘇維濃・弗朗

好年分

1982,85,89,90,98,
2000,01,05,06,08,
09,10,12,15,16

酒標採取防止假冒的
UV 光源認證。

來自車庫的另類珍品

樂邦（Le Pin）雖是波爾多數一數二的酒莊。不過因資歷尚淺，相對於波爾多其他歷史悠久的酒莊，可說是異類中的異類。

話說 1978 年，持有老蘇丹酒莊（Vieux Château Certan，簡稱 VCC，見 131 頁）的天鵬（Thienpont）家族，花 100 萬法郎（約新臺幣 3,135 萬元）在波美侯買下一塊小農地與一間小工坊，這就是樂邦的開始。當時的樂邦是在一個類似車庫般狹窄空間釀酒。法國橡木桶用的還是老蘇丹酒莊的二手貨，而且葡萄酒擱在農具間等待成熟。

1979 年首釀年分酒相當便宜，一瓶不到 100 法郎（約新臺幣 3,135 元）。然而，三年後的 1982 年產卻一鳴驚人，讓樂邦酒莊瞬間躍升超級明星。

1982 年對於整個波美侯來說，是風調雨順的一年。樂邦甚至榮獲派克採點的百分滿點。當時的出貨價格一瓶約 5,500 元到 1.1 萬元。及至現今，這個年分的樂邦已經成為波爾多的傳奇，拍賣會的成交價一瓶約在 41.2 萬元以上。

不過，因樂邦的酒標造型樸素，是最容易仿冒的葡萄酒。其中，又以 1982 年產的贗品最多。

嚴格控管與堅守品質也是樂邦之所以受歡迎的理由之一。例如受到近年來地球暖化的影響，2003 年的葡萄收成不佳，該酒莊便決定當年停產。除此之外，樂邦堅持少量生產以維持品質，每年只出產 600 箱至 700 箱（約 7,200 瓶到 8,400 瓶），因此連在拍賣會上也極其少見，堪稱珍品中的珍品。

拉 弗 爾 酒 莊

CHATEAU LAFLEUR

市價行情

約 2.2 萬元

主要品種

梅洛・蘇維濃・弗朗

好年分

1945,47,49,50,61,66,
75,79,82,90,95,2000,
03,05,08,09,15,16,17,
18

拉弗爾，酒評家最中意的紅酒

　　波美侯村有號稱三大酒莊的頂尖釀酒廠，包括彼得綠堡、樂邦與拉弗爾（Lafleur）。其中，拉弗爾更是堅守經營方針──質重於量（Quality over Quantity），嚴格落實少量生產。在 4.5 公頃的葡萄園中，僅生產 1.2 萬瓶。因此，市場上幾乎不見拉弗爾的蹤跡。

　　這三家知名酒莊雖然常被拿來相提並論，但拉弗爾卻毫不遜色，有口皆碑。獨特又複雜的芳香，散發出一層層無以言喻的香氣。甚至連羅伯特・派克也為之驚豔。

　　這種連彼得綠堡都無法表現的複雜層次，被譽為拉弗爾神奇（Lafleur Magic），甚至有人用妖魅（Monster）來形容。交易價格有時越過彼得綠堡，堪稱葡萄酒的傑作。

　　拉弗爾酒莊首次在國際間揚名，始自 1975 年羅伯特・派克的參訪。在此之前，拉弗爾因為以比利時為主要市場，加上產量不多，只在少部分葡萄酒愛好家中流傳。自從派克給予「葡萄園的瑰寶」、「等同彼得綠堡的水準」等讚譽以後，拉弗爾瞬間成為鎂光燈的焦點。

　　當時，拉弗爾的售價雖然與梅多克五級的拉古斯酒莊（Château Grand Puy Lacoste）一樣。後來因為出口市場擴展到英、美等國，而讓價格隨之高漲。目前更在派克宣稱「拉弗爾是人生史上最中意的波爾多紅酒」的加持下，成為世上收藏家爭相競購的傑作。

老蘇丹酒莊

VIEUX CHÂTEAU CERTAN

市價行情

約 **6,900** 元

主要品種

**梅洛、卡本內‧弗朗、
卡本內‧蘇維濃**

好年分

1928,45,47,48,50,52,
82,89,2000,05,06,09,
10,14,15,16,17,18

新穎的粉紅瓶口錫箔（橡木塞
套）是天鵬家族獨樹一格的設
計。即使收藏在酒櫃中，也能立
即認出 VCC 品牌。

歷經磨難、越挫越勇，老蘇丹的絕地大反攻

其實早在 16 世紀，VCC 便已在波美侯的一等一土地上開疆闢土，長久以來專注於釀酒事業的 VCC，與彼得綠堡同屬波美侯的名門酒莊，地位屹立不搖。過去深受王公貴族喜愛，據聞凡爾賽宮也是主客之一。

1924 年，VCC 由現在的莊主，亦為樂邦酒莊莊主的波美侯名門天鵬家族接手。

沒想到天不從人願，波美侯連年氣候不佳，從 1931 年起三年內，天鵬家族不得不放棄生產。甚至連酒莊都面臨經營危機。雖然天鵬家族忍痛拋售其他酒莊，以力挽狂瀾。但終究不復往日雄風，無法再與彼得綠堡相提並論。

慶幸的是，近年來 VCC 敗部復活，重新受到各界矚目。他們透過降低農藥施灑量，改良葡萄酒的混釀比例或釀造方法等，成功贏得市場上的評價。

2010 與 2011 年，VCC 連續兩年榮獲派克採點的百分滿點，重新擠入人氣酒莊之名。另外，在一份 2010 年針對業界進行的問卷調查中，也獲得 100 分的佳評，榮登波爾多人氣佳釀的第四名。

艾葛麗斯·克林內酒莊

CHÂTEAU L'EGLISE-CLINET

市價行情
約 7,1 0 0 元

主要品種
梅洛、卡本內·弗朗

好年分
1921,45,47,49,50,59,
85,95,98,2000,01,05,
06,08,09,10,11,12,14,
15,16,17

▌寒霜傲骨，老藤的歷久彌堅

艾葛麗斯・克林內堡（Château l'Eglise-Clinet）有「波美侯私房佳釀」之稱。不僅備受酒評家好評。甚至被譽為性價比最高的葡萄酒之一。

即使在 1956 年，波美侯遇到史上嚴酷的霜害，迫使大多數的酒莊必須將葡萄園整個翻新。艾葛麗斯・克林內堡卻有辦法維持原樣，讓大部分的葡萄樹起死回生。

因此，該酒莊的葡萄樹均頗有年紀，平均樹齡40、50 年。老藤葡萄酒的一大特色就是酒體均衡而且濃郁。深度獨特的風味與絲綢般的口感深受好評，絕非其他酒莊可輕易模仿。

艾葛麗斯・克林內堡能有如此聲名，要歸功於 1983 年，禮聘人稱「釀酒大宗師」的德尼・杜蘭多（Denis Durantou）加入經營團隊。

事實上，1960 年到 1980 年代的前半期，艾葛麗斯・克林內堡極其不順，處處碰壁。即使 1982 年波美侯風調雨順，艾葛麗斯・克林內堡出產的葡萄酒也缺乏應有的芳香。當年的失敗讓他們飽受負評，形象嚴重受損。

次年杜蘭多加入以後，首先從改善硬體著手，翻新所有釀造設備。這些努力總算在 1985 年開花結果，推出無可挑剔的佳釀。艾葛麗斯・克林內堡自此脫胎換骨、浴火重生。

除此之外，艾葛麗斯・克林內堡於 2005 年釀造的葡萄酒，獲得派克採點的百分滿點。部分葡萄酒愛好家對這個年分推崇備至，甚至認為「連彼得綠堡與拉弗爾也難以望其項背」。

歐頌酒莊

CHÂTEAU AUSONE

市價行情

約 2.2 萬元

主要品種

卡本內・弗朗・梅洛

好年分

1874,1900,29,2000,
01,03,05,08,10,15,
16,17

年產 2 萬瓶，可遇不
可求的珍品之一。

八大酒莊之一——歐頌

　　歐頌酒莊（Château Ausone）是聖愛美濃村中，四個榮獲級別最高「一級特等 A」（ Premier Grand Cru classé A ）的酒莊之一，因此備受矚目。除此之外，實力與白馬酒莊不相上下，因此又有聖愛美濃雙雄之美譽。

　　波爾多的五大酒莊，再加上歐頌、白馬與彼得綠堡等的葡萄酒，俗稱「八大」（Big Eight）。不僅業界另眼相看，即使在拍賣會中也往往是高價成交的拍品。

　　歐頌的最大特色就是在長期熟成，放得越久越是香醇。連酒評大師羅伯特・派克也在嚐過 1874 年產的歐頌以後，驚訝的表示：「我過去之所以對歐頌不以為意，原來是時機未到，沒能等上 121 年（從試飲 1996 年的葡萄酒算起）。」派克推崇 1874 年產，更表示這個年分的歐頌至少經得起 162 年的淬鍊，直至 2036 年仍然芳香醇郁，值得珍藏。

　　可惜的是，如此備受好評的酒莊也有退居二線的時候。歐頌在 20 世紀的表現不僅差強人意，連在波爾多右岸廣受好評的 1982 年、1989 年或 1990 年也都黯然失色。

　　直到 2000 年以後，歐頌才終於度過低潮，展現原有的光芒。其中又以 2001 年的紅酒被譽為「波爾多之冠」。連羅伯特・派克也讚不絕口的直言：「這絕對是本年度的最佳葡萄酒。」

白馬酒莊

CHATEAU CHEVAL BLANC

市價行情

約 1.9 萬元

主要品種
**卡本內·弗朗、梅洛、
卡本內·蘇維濃**

好年分
1921,47,48,90,98,2000,
05,06,09,10,15,16

SECOND WINE

小白馬
LE PETIT CHEVAL

約 5,500元

近來受歡迎的二軍品牌。相較於一
軍以卡本內·弗朗為主；小白馬主
打梅洛品種。

▎白馬酒莊——奧斯卡加持，不輸五大酒莊的實力

　　1955 年，聖愛美濃比照梅多克實施官方的分級制度（見
142 頁），替葡萄酒分級。當時與歐頌酒莊同樣獲得全體評審
一致好評，名列最高級別「一級特等酒莊」的，就是白馬酒莊
（Château Cheval Blanc）。這個分級制度每十年評鑑一次，目前
仍由白馬酒莊獨占鰲頭，君臨天下。

　　佳士得在某拍賣會中，曾經推出白馬酒莊 1947 年產的 6 公
升大酒瓶。據聞這瓶尺寸罕見的 1947 年產世間獨一無二，因
此成交價竟然高達 30 萬 4,375 美元（約新臺幣 852 萬元）。而
且，在很長一段時間內，都不見有其他酒莊能打破這個天價。

　　白馬酒莊之所以瞬間在國際上打響名號，應該歸功於奧斯
卡的得獎作品《尋找新方向》（Sideways）。這部榮獲最佳改編
劇本獎的電影，描述葡萄酒迷的男主角為了紀念與前妻的結婚十
週年紀念，特地準備一瓶 1961 年產的白馬紅酒。然而，當他知
道無望破鏡重圓時，便在速食店落寞的獨自享用。這個經典畫面
讓白馬酒莊的名聲深深刻印在世人心中。

　　白馬酒莊於 1998 年被 LVMH 集團的阿爾諾（Bernard
Arnault）與弗雷男爵（Baron Albert Frere）相中，以 1.35 億歐元
（約新臺幣 45 億元）取得經營權。從此白馬蛻變為一座現代摩
登的酒莊。

　　這兩位大金主投入 5.5 億元的巨資，重金禮聘普立茲克建築
獎（The Pritzker Architecture Prize）得主，將原有的莊園改建成
現代風貌。新穎的造型與聖愛美濃村的田園風景相互輝映，成為
當地熱門的觀光景點。

金鐘酒莊
CHATEAU ANGELUS

市價行情

約 **1.1** 萬元

主要品種

梅洛、卡本內・弗朗

好年分
1989,90,93,95,98,
2000,01,03,04,05,06,
09,10,11,12,15,16,17

酒標上的金鐘（King
Chung），帶有風生
水起的祥瑞之意，因
此特別受到中國市場
喜愛。

金鐘——電影 007 出現的那瓶

金鐘酒莊（Château Angélus）過去在聖愛美濃的評鑑中，曾經歸類為最低級別的「列級酒莊」（Grands Crus Classés）。

然而，金鐘酒莊自 1996 年晉級為「一級特等 B」（Premier Grands Crus Classés B）之後，終於在 2012 年進一步升格至「一級特等 A」。

話說聖愛美濃的分級制度，每十年分級一次，但金鐘酒莊卻打破慣例，成為史無前例的佳話。

然而這次晉級卻流傳一些閒言碎語。因為當時金鐘酒莊的合夥人于貝・寶德（Hubert de Bouard）也是評審委員之一。再加上疑似有一些不法運作，讓寶德後來遭到起訴。聖愛美濃原以為十年一次的評鑑最具公信力，不料因為評審委員被降級和審查不公，讓各種問題浮出水面。

金鐘酒莊在面臨這些負面影響下，仍積極的拓展行銷，在國際間打響知名度。

例如，007 系列電影中的美酒，向來由日本的冠名廠商「伯蘭爵」（Bollinger）包辦。但在 2006 年上映的《007 首部曲：皇家夜總會》（Casino Royale）中，詹姆士・龐德（James Bond）與龐德女郎晚宴上共享的葡萄酒，卻是 1982 年產的金鐘，一時成為輿論的熱門話題。

除此之外，酒瓶標籤上的金鐘（King Chung）圖案對於中國人而言，也是一種祥瑞的象徵。因此，金鐘比其他酒莊更早布局中國市場，同時捷足先登。

帕維酒莊
CHÂTEAU PAVIE

市價行情
約 9,600 元

主要品種
梅洛、卡本內·蘇維濃、
卡本內·弗朗

好年分
1998,2000,01,03,05,
06,09,10,15,16,17,18

帕維酒莊 —— 葡萄美酒與蜜桃的情緣

帕維果園的歷史其實可以追溯至羅馬時代，只不過當時以種植蜜桃（Pavie）為主。直到改種葡萄以後，才催生出帕維酒莊（Château Pavie）。

帕維酒莊在聖愛美濃地區，原本水準尚可，並無突出之處。自從 1998 年由目前的莊主傑拉德‧佩斯（Gérard Perse）接手後，才擠進頂尖酒莊之列。佩斯透過雄厚的資金實力，訂製控溫型發酵酒桶與最先進的酒窖，讓帕維酒莊脫胎換骨。此外，重金禮聘知名顧問米歇爾‧羅蘭蒞臨指導。帕維酒莊在如火如荼的改革下，終於浴火重生，接連在派克採點中創下佳評。

帕維因此身價倍增，更因 2003 年產的葡萄酒，而成為議論焦點。因為 2003 年受到熱浪影響（按：熱浪指天氣在某一段時間持續保持異常高的氣溫，而高溫使葡萄果實發育不良，甚至死亡），不少波爾多酒莊因此停產。但帕維酒莊卻在如此艱困的條件下，獲得派克採點極高的評比。

相對於此，英國女性酒評家傑西斯‧羅賓遜卻認為，帕維酒精濃度過高，又稍嫌甜膩，根本是「派克制式」（按：Parkerization，指依照派克喜好的釀酒）的葡萄酒。

傑西斯對於波爾多的酒莊為了取得派克採點的成績，而一味迎合派克嗜好的做法相當不以為然。此外，凡是米歇爾‧羅蘭經手的酒莊，總是榮獲派克採點的另眼相看。因此，坊間傳聞雙方關係非同小可。帕維雖於 2012 年的聖愛美濃評鑑中，晉升為一級特等 A 酒莊，但正當性與金鐘酒莊同樣受到質疑，最後甚至成為驚天動地的醜聞。帕維雖然經歷這些風風雨雨，但因為改建後的城堡美輪美奐，讓酒莊越來越受歡迎。

聖愛美濃地區一級特等 A、B 酒莊

※ 每 10 年評鑑一次

PREMIERS GRANDS CRUS CLASSÉS(A) 一級特等 A 酒莊	
歐頌酒莊（Château Ausone）	金鐘酒莊（Château Angélus）
白馬酒莊（Château Cheval Blanc）	帕維酒莊（Château Pavie）

PREMIERS GRANDS CRUS CLASSÉS(B) 一級特等 B 酒莊	
博塞酒莊（Château Beau-séjour）	拉希・莒卡斯酒莊 （Château Larcis Ducasse）
博塞・貝戈酒莊 （Château Beau-séjour Bécot）	帕維・麥昆酒莊 （Château Pavie Macquin）
貝雷・蒙納奇酒莊 （Château Bélair Monange）	卓隆・夢鐸酒莊 （Château Troplong Mondot）
卡農酒莊（Château Canon）	卓特・威亞酒莊 （Château Trotte Vieille）
卡農・拉格斐酒莊 （Château Canon la Gaffelière）	瓦蘭佐酒莊（Château Valandraud）
費賈克酒莊（Château Figeac）	克羅斯・佛特酒莊（Clos Fourtet）
拉格斐酒莊（Château la Gaffelière）	拉蒙多特（La Mondotte）

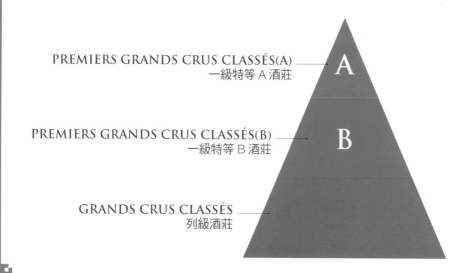

PREMIERS GRANDS CRUS CLASSÉS(A)
一級特等 A 酒莊 — **A**

PREMIERS GRANDS CRUS CLASSÉS(B)
一級特等 B 酒莊 — **B**

GRANDS CRUS CLASSÉS
列級酒莊

波美侯地區的代表酒莊

※ 並無其他地區的分級制度

老蘇丹酒莊（Vieux Château Certan）
嘉興酒莊（Château Gazin）
克林內酒莊（Château Clinet）
德麥・蘇丹酒莊（Château Certan de May）
薩爾酒莊（Château de Sales）
卓塔諾酒莊（Château Trotanoy）
聶能酒莊（Château Nénin）
小村酒莊（Château Petit Village）
拉康塞雍酒莊（Château La Conseillante）
蓋聖十字酒莊（Château La Croix de Gay）
拉圖・波美侯酒莊（Château Latour à Pomerol）
拉弗爾酒莊（Château Lafleur）
拉弗爾・佩楚酒莊（Château La Fleur-Pétrus）
朗克羅酒莊（Château L'Enclos）
樂給酒莊（Château Le Gay）
樂凡喬酒莊（Château L'Évangile）
艾葛麗斯・克林內酒莊（Château L'Eglise Clinet）
艾葛麗斯酒莊（Château du Domaine de l'Eglise）
彼得綠堡（Pétrus）
樂邦（Le Pin）

第五章

香檳——
連英國首相邱吉爾
也瘋狂

香檳區（Champagne）以生產慶祝時常見的氣泡酒「香檳」聞名。事實上，唯有此地釀造，同時符合法規條件的氣泡酒，才能冠上香檳這個名號。

　　香檳區為了維護品牌形象，嚴格的控管品質。

　　例如香檳的氣泡不能利用碳酸，或事先在酒槽發泡形成，而是透過瓶中二次發酵。換句話說，就是在裝瓶時加入糖與酵母，讓葡萄酒在發酵中自然產生氣泡。

　　此外，葡萄的品種、熟成期間與基本酒精濃度等都有嚴格規定。香檳在層層把關下，才得以享譽國際，行銷全世界。

唐·培里儂 P 3 年分

DOM PÉRIGNON P3 VINTAGE

市價行情

約 **5.8** 萬元

主要品種
黑皮諾、夏多內

Dom Pérignon

「P2」與「P3」指
不同於一般年分的
熟成期間。

Champagne
Dom Pérignon
Vintage 1983

DOM PÉRIGNON
P2 VINTAGE

市價行情

約 1.1 萬元

主要品種

黑皮諾、夏多內

唐・培里儂　年分酒

DOM PÉRIGNON
VINTAGE

市價行情

約 5,500 元

主要品種

黑皮諾、夏多內

▌ 特殊成熟期與不同凡響的價格

　　華麗高雅的唐・培里儂（Dom Pérignon）俗稱香檳王，向來是奢華的象徵，也是世上名氣最盛、始終堅持品質的香檳品牌。唐・培里儂只在收成好的年分釀造，因此沒有所謂的無年分（Non Vintage，香檳分成有年分跟無年分兩種，有標記年分的香檳，採用的葡萄需 100％ 以上都是該年收成的）。

　　香檳王原本是培里儂修道士不小心得到的成果。而酩悅香檳（Moët & Chandon）在取得商標權以後，便於 1936 年以唐・培里儂的品牌上市。目前每年生產 500 萬瓶，成為香檳界的一大品牌。

　　香檳王有獨特的「三大高峰期」哲學。也就是指三個適飲高峰。

　　第一個適飲期，是葡萄收成的八年以後。一般說來，香檳需經過 15 個月的熟成才算完成。有年分的香檳甚至規定要 36 個月熟成。基本款的香檳王（唐・培里儂年分酒）須在橡木桶裡熬八年，等待第一個高峰期（Plenitude）的到來，才能出貨。

　　即使熬了八年也無法立即出貨，必須耐心等待適飲時機。例如 2008 年產的熟成時間長達九年，因此 2009 年的香檳王才在 2017 年上市；而 2008 的年分酒卻晚了一年，直到 2018 年才出貨。

　　順帶一提，當香檳王的釀酒總監理察・傑弗里（Richard Geoffroy）於 2018 年宣布退休以後，2008 年分便成為他的收山之作，一時成為市場上的搶手貨。

　　總監一職自 2019 年起，由文森・查佩儂（Vincent Chaperon）

接任。

　　接下來，再過 15 年便是第二個高峰期。經過如此漫長歲月熟成的香檳王，稱為「Plenitude 2」（簡稱 P2），酒瓶上也特別標示「P2」記號。冠得上「P2」的香檳王，是用精選年分收成佳的葡萄釀造而成。

　　最後，再等 30 年終於來到最後的高峰期，這個年分就是傳說中的「P3」。

　　香檳王對於品質的要求極其嚴格，即使是基本款也需符合一定標準才能出貨。而 P2 與 P3 便是從這些合格品中，針對優良年分精挑細選的傑作。唯有萬中選一的年分酒，才有機會靜待 30 年熟成。

　　香檳王在橡木桶裡經過長期熟成以後，散發一種陳年蒙哈榭（布根地頂級白酒）的發酵風格，口感濃郁且頗具深度。香檳一般用來做餐前酒或配合清淡的菜色。然而，P3 年分的香檳王味道醇厚，與肉類料理搭配也相得益彰。

　　歲月洗禮下的風味絕非人工可以比擬。香檳王在長年累月下，經大自然巧奪精工。事實上，我曾有幸品嚐 P3，那個口感讓我以為口中喝的是年代久遠的藝術品。

　　重要的是，香檳王在出貨以前，無法回收資金。不過，這反而成為香檳王對於品質的堅持。

庫克‧克羅‧梅尼爾，鑽石香檳

KRUG CLOS DU MESNIL

市價行情
約 **3.6** 萬元

主要品種
夏多內

好年分
1982,83,95,96,98,
2000,02

OTHER WINE

庫克陳年香檳
**KRUG
GRANDE CUVÉE**

約 **7,400** 元

庫克的基本款，精選不同年分酒
混釀而成。此外，另有針對最佳
年分釀造的「庫克年分香檳」
（KRUG VINTAGE）。

庫克·克羅·丹邦內，黑鑽香檳

KRUG CLOS D'AMBONNAY

市價行情

約 **8** 萬元

主要品種

黑皮諾

好年分

1995, 98, 2002

優雅獨特的酒瓶曲線也是人氣之一。1978 年採用的新造型，細長型瓶頸將氣泡的特性展現無遺。

庫克的釀酒師通常建議顧客選用白酒的酒杯，而非香檳杯（長笛型）。前者更能充分享受酒香與風味，讓香檳在口中散發層層變化。

▍產量最少、幾乎不產的兩大香檳

　　世上熱愛「庫克」（KRUG）香檳的葡萄酒迷無數，甚至衍生出庫克迷（Krugist）一詞。

　　庫克酒莊由約瑟夫·庫克（Joseph Krug）於 1843 年創立，以「追求香檳的極致」為年產目標。在歸屬 LVMH 集團旗下以後，知名度更上一層樓。

　　在庫克的酒款中，最基本的葡萄酒莫過於「陳年香檳」（Grande Cuvée）。這是不同年分混釀而成的香檳。庫克的酒窖號稱「庫存圖書館」（Library Stock），存放 400 種不同年分與品種的葡萄酒。**陳年香檳選用一百二十多種，用六到十年熟成的葡萄酒進行混釀，之後再靜置六年以上**。庫克香檳之所以聲名遠播，其中一個原因是對混釀技術的堅持。

　　相較於陳年香檳，「克羅·梅尼爾」（Clos du Mesnil，俗稱鑽石香檳），則是採用單一產區、單一品種釀造而成的單一年分酒。葡萄品種鎖定夏多內，同時精選自面積僅有 1.84 公頃、1698 年起便被石牆守護的農園。

　　話說庫克酒莊第五任莊主雷米（Remi）與亨利（Henri）兄弟，無意中在奧熱河畔梅斯尼（Le Mesnil sur Oger，法國馬恩省的一個市鎮）發現獨特的農地以後，自此追求極致的「白中白」（Blanc de Blancs，指白葡萄釀造的氣泡酒），於是研發出梅尼爾的鑽石香檳。

　　首釀年分酒產自 1979 年，經過七年的熟成，於 1986 年上市。鑽石香檳的產量極少，每年僅生產 8,000 瓶到 1.4 萬瓶，而且只挑選在風調雨順的年分生產，因此堪稱稀世珍品。

　　我曾有幸嚐過 1990 年產的鑽石香檳，它如水一般的清澈，細緻的氣泡與纖細的口感更是讓人驚豔。雖然那已是 20 年前的往事，但對我而言，絕對是我喝過的香檳中的前幾名。

　　話說回來，鑽石香檳的成功經驗，讓庫克兄弟進一步挑戰 100% 的黑皮諾。

　　他們在黑皮諾聞名的安邦內村（Ambonnay），找到一塊風水寶地。於是，1994 年買下這片農地後，第二年便推出「克羅・丹邦內」（Krug Clos d'Ambonnay，俗稱黑鑽香檳）。

　　1995 年產的黑鑽香檳僅有 3,000 瓶，經過 12 年熟成，總算於 2007 年上市。當年的訂價約 9.6 萬元，在拍賣會首次推出時，預估一瓶 11 萬元至 14 萬元左右，最後竟以 17 萬元成交。現在雖然熱度稍減，不過人氣依然不衰。拍賣會上的行情仍有 5.5 萬元。

　　克羅・丹邦內只挑收成好的年分釀造，根據 2019 年的資料顯示，克羅・丹邦內僅生產 1995 年、1996 年、1998 年、2000 年與 2002 年等年分。或許黑鑽香檳會因為物以稀為貴，而讓價格再次一飛衝天。

路易・侯德爾

LOUIS ROEDERER CRISTAL

市價行情

約 **7,700** 元

主要品種
黑皮諾、夏多內

好年分
1990,95,96,99,2002,
04,06,08,09

相較於其他的知名品牌，大多隸屬國際集團旗下，路易・侯德爾始終堅持家族經營。年產量高達 350 萬瓶，行銷一百多個國家。

專門打造香檳的酒瓶──沙皇防毒殺

1833 年，當路易・侯德爾（Louis Roederer）從叔父手中接下釀酒廠以後，便打出名號，同時鎖定國際市場，積極拓展事業版圖。其中，又以俄國為主要出口市場，幾乎占產量的三分之一。且深受俄國沙皇亞歷山大二世（Alexander II）的青睞。

侯德爾曾為俄國皇室打造一款名為「水晶」的香檳。

據聞，水晶的酒瓶有一個插曲。葡萄酒的特性纖細，容易受外界影響品質，特別是日晒。因此香檳習慣選用深色酒瓶，防止太陽照射。然而，當時的俄國政治動盪不安，亞歷山大二世時常籠罩在暗殺陰影下，於是指定打造透明酒瓶，以防遭受毒殺。且瓶底不可凹凸，以避免安裝爆炸物。

及至現今，水晶香檳在美國已是成功人士的表徵，深受名流人士青睞。在黑人嘻哈歌手中更是搶手。例如有的 MV 裡，會出現直接灌水晶香檳的畫面，或用來調製雞尾酒。

針對這個現象，侯德爾的管理總監曾在 2006 年的英國雜誌《經濟學人》（The Economist）的訪談中，被問嘻哈歌手是否損害品牌形象時，他表示：「我們還能怎麼辦？我們無法阻止人家買我們的東西。」甚且揶揄，香檳王或庫克可能更希望他們成為主顧，而引起一陣非議。這種涉及種族歧視的言論立即在美國造成話題，甚至引發拒買水晶香檳風波。

之後，在原鐵粉饒舌界天王傑斯（Jay-Z）的號召下，水晶香檳被嘻哈界封殺。自此阿蒙・布林雅克（Armand de Brignac，俗稱黑桃王牌香檳）亮麗登場，成為美國嘻哈界的新歡。

沙龍，白中白香檳

SALON BLANC DE BLANCS

市價行情
約 **1.9** 萬元

主要品種
夏多內

好年分
1982,96,97,2002,06,
07

因興趣而誕生，十年調漲近兩倍──沙龍

　　過去有一位叫做尤金・艾・沙龍（Eugène-Aimé Salon）的皮貨商，基於興趣試著土法煉鋼，用 100％的夏多內自製香檳。沒想到這個閒暇樂趣，竟然獲得廣大迴響。於是 1911 年，他便在親朋好友的鼓勵下，創立沙龍酒莊（Salon）。

　　沙龍自成立以來，便堅守追求極致的理念，例如，若葡萄品種不是奧熱河畔梅斯尼村的夏多內，就不用。卓越的香檳品質瞬間廣為流傳。當時甚至被社交圈知名的馬克西姆餐廳（Maxim's de Paris）指定為專屬香檳，進而在國際的上流社會間打響名號。

　　沙龍被譽為世上絕無僅有的香檳。對品質的高度要求，讓他們在 20 世紀推出首釀年分酒（1905 年）以後，百年間只釀造 37 個年分。根據 2019 年資料顯示即使邁入 21 世紀，沙龍也只有 2002 年、2004 年、2006 年、2007 年，與目前在酒窖中等待熟成的 2008 年等五個年分。

　　順帶一提，未達沙龍標準的葡萄，則撥給旗下品牌黛拉夢（Delamotte）使用。

　　物以稀為貴的沙龍香檳因此締造無與倫比的人氣。

　　在 Liv-ex 公布的排行裡，沙龍在各大香檳品牌（如庫克、香檳王或水晶等）中，仍有極高的人氣。除此之外，沙龍香檳在 2008 年至 2018 年之間，市場價格竟然調漲 163％。

　　佳士得在某次香檳晚宴曾詢問來賓：「您喝過的香檳，哪一款最美味？」我猶然記得，大多數人都回答 1996 年產的沙龍。

保·羅傑，溫斯頓·邱吉爾爵士

POL ROGER
SIR WINSTON CHURCHILL

市價行情

約 **7,000** 元

黑皮諾、夏多內

好年分
1982,85,96,2002,
04,08

酒標色調以深
藍與深紅色為
主，以展現邱
吉爾海軍出身
的特色。

█ 邱吉爾為了香檳而出戰

英國前首相溫斯頓‧邱吉爾（Winston Churchill）堪稱世界偉人中，人盡皆知的香檳迷。在所有香檳品牌中，又以保‧羅傑（Pol Roger）深得他的青睞。

邱吉爾與保‧羅傑的結緣，要從英國大使館在法國舉辦的一場午宴說起。當時蒞臨的邱吉爾在品嚐 1928 年產的保‧羅傑以後，立即為它神魂顛倒，從此如流水般的不停往宅邸直送。在第二次世界大戰，當英國決定出兵時，他甚至豪語：「請記住，我們不是為法國而戰，而是為了香檳！」

在描述邱吉爾揮霍一生的傳記《告別香檳》（No more Champagne）一書中，曾經提到邱吉爾到底喝了多少香檳。令人驚訝的是，這位英國前首相竟然喝下 4.2 萬瓶。

當如此恣意縱情的邱吉爾於 1965 年撒手人寰時，保‧羅傑便將該年分的香檳全部加貼黑色標籤，以示悼念。

在那個動盪不安的年代，大多數的香檳酒廠在美國的禁酒令或俄國革命等影響下而備受艱辛。若說保‧羅傑多虧邱吉爾這個靠山，才躲過一劫也不為過，可見雙方關係非比尋常。

根據記載，邱吉爾結婚的時候曾訂購九大箱 1895 年產的標準瓶、七箱半瓶裝（Half Bottle，375 毫升），外加四箱 1900 年產的半瓶裝。

除此之外，保‧傑羅為了紀念這位大主顧，特地於 1975 年推出「溫斯頓‧邱吉爾爵士」（Sir Winston Churchill）紀念款。優雅高貴的口感與細緻的葡萄酒芳香，正是擄獲邱吉爾的關鍵。

葡萄酒基本用語小教室

年分（Vintage）

　　表示葡萄的收成年分。相較於其他水果，葡萄對於氣候極其敏感，不同年分的葡萄品質也可能天差地別。因此即使是同一塊農地或農戶，都可能因為年分，而影響品質或價格。

普通年分（Off Vintage）

　　一般指葡萄欠收或氣候不佳的年分。遇到這種年分時，釀酒廠習慣摘除未成熟的葡萄，讓碩果僅存的葡萄透過光合作用，大量吸取養分。因此，葡萄酒的產量也相對較少。部分釀酒商遇到普通年分時，甚至選擇減少產量或停產。

風土條件（Terroir）

　　指土壤、氣候或地點等培育葡萄的自然環境。

　　受到自然環境的影響，葡萄的特色也各自不同。因此，葡萄產區均配合當地的風土條件，選擇適合的耕種方法。

日照量

　　日照時間的長短，是決定葡萄酒風味的關鍵之一。

　　充沛的陽光加強葡萄葉進行光合作用，進而影響糖分、酸度、色素與萃取精華等元素。因此，葡萄的美味與否，取決於合適的時段與適當的日照量。

雨量

　　雨量也是種植葡萄的重要因素之一。夏季的雨水容易稀釋果實濃度，讓葡萄淡然失味。相反的，適當的降雨時機，則可以讓葡萄更香甜。

單寧（tannin）

　　來自葡萄果皮與種子的多酚（polyphenol）。影響葡萄酒的深度與複雜感，更是熟成過程中的必備元素。當葡萄酒初步完成以後，單寧便慢慢轉化為沉澱物（單寧或多酚的結晶），沉積於瓶底。經過一段時間的熟成，單寧的特性逐漸由強轉弱，褪去苦澀的味道，轉化為美味可口的佳釀。

酒莊（Château ／ Domaine）

　　法文的 Château 或 Domaine 均為酒莊的代名詞。

　　波爾多的酒莊自古以來，建築風格以城堡居多，因此習慣稱為 Château（法文城堡之意）。波爾多的酒莊多達 7,000 座，生產超過一萬種的葡萄酒。反之，布根地的酒莊規模則完全不同，一般稱為 Domaine（法文產業之意）。即使各有各的稱法，但本質相同。

葡萄園（Vineyard）

　　指葡萄農地或葡萄園。使用單一農園釀造的葡萄酒，稱為單一園（Single Vineyard）。葡萄酒能充分反映當地的土壤特色。

芳香（Aroma）、醇香（Bouquet）

　　葡萄獨特的香味或在發酵過程產生的香氣，稱為芳香；釀造後（指裝瓶後），隨著熟成逐漸變化的香氣，稱為醇香。這兩種香氣種類繁多，一般用水果、植物或香辛料等來形容。

第六章

隆河區——
投資家的私藏名單

隆河區（Rhône）位於法國東南部，為歷史悠久的葡萄酒產地。遠在 14 世紀，隨著羅馬教廷搬遷至隆河南部的亞維濃（Avignon），當地的釀酒事業便因此蓬勃發展。直至 1309 年，更因為教皇克勉五世（Clément V）移居，吸引不少業者來此分一杯羹。

　　其中，又以亞維濃近郊的教皇新堡（Châteauneuf du Pape），做為進貢葡萄酒的大本營而繁盛一時。及至現今，當地仍是享譽全球的葡萄酒產地。除此之外，隆河區北部的艾米達吉（Hermitage）近年來也備受關注。

　　雖然隆河區的葡萄酒給外界的印象，是強勁有力、充滿男性氣息。但事實上，這裡的葡萄酒，也會隨著熟成，逐漸散發出女性特有的柔順與圓潤感。

　　這種絕無僅有的蛻變正是吸引世界各地隆河迷死忠追隨的原因。

沐林園，積架酒莊

CÔTE RÔTIE LA MOULINE E.GUIGAL

市價行情

約 **1.1** 萬元

主要品種

維歐尼

好年分

1976,78,82,83,85,88,
89,90,91,95,97,99,
2000,03,05,07,09,10,
11,12

> 沐林園、浪東園與杜克園，被稱為「拉拉拉三劍客」，是積架酒莊的三大招牌。

浪東園，積架酒莊

CÔTE RÔTIE LA LANDONNE E.GUIGAL

市價行情

約 **1.2** 萬元

主要品種

希哈

好年分

1978,83,85,87,88,89,
90,91,94,95,97,98,99,
2002,05,06,07,09,10,
11,12

杜克園，積架酒莊

CÔTE RÔTIE LA TURQUE E.GUIGAL

市價行情

約 **1.1** 萬元

主要品種

希哈、維歐尼

好年分

1985,87,88,89,90,91,
94,95,97,98,99,2001,
03,05,07,09,10,11,12

▎葡萄酒迷夢寐以求的「拉拉拉三劍客」

在隆河區的釀酒廠中，積架酒莊（E. Guigal）名號響亮，亦是品質保證。其中，以有「拉拉拉三劍客」（Lala's）之稱的沐林園（La Mouline）、浪東園（La Landonne）與杜克園（La Turqe），更是獨樹一格。

這三種葡萄酒中，以沐林園的產量最少、價格最高。每年限產 400 箱（4,800 瓶），因此稀有珍貴、可遇不可求。即使目前的價格仍居高不下，沐林園在頂尖葡萄酒中，仍屬於罕見、品質極高的一款酒。酒香芳醇不在話下，與其他兩款相比，較為另類（Exotic）與性感（Erotic），只要喝上一口便欲罷不能。

浪東園則使用 100％希哈（Syrah），風味醇厚，略帶菸草、松露與香辛料的香氣。被譽為三劍客中最耐喝的葡萄酒。

浪東園的芳香讓所有酒評家讚不絕口。某些年分較佳的葡萄酒甚至被人讚譽：「酒香誘人，沉醉 40 年。」其中 10 個年分酒，更榮獲派克採點的百分滿點。連《品醇客》與《葡萄酒鑑賞家》等專業性雜誌，也給予極高的評價。

提起浪東園，我還記得曾在日本某高級俱樂部的餐廳，看過浪東園的珍藏酒以低於市價三分之一的價格銷售。就當我忍不住與侍酒師閒聊市場行情時，他驚訝的說：「浪東園什麼時候變這麼貴？」

話說，杜克園於 1985 年上市。而且，初試啼聲便豔驚四座，因為首釀年分酒甫一推出，就獲得派克採點的百分評比。1985 年產雖然僅僅 200 箱（2,400 瓶），但在首釀年分、派克百分滿點與少量生產的加持下，讓價格居高不下。自此以後，杜克

園推出的各種酒款也接連獲得極高的評價。

　　杜克園是拉拉拉三劍客中，樹齡最年輕的一款，含鐵量較多，風味也較為厚重。不管哪一個年分酒，我都建議至少放 10 年以上，飲用時，也以在醒酒器裡放上三到四個小時為宜。

艾米達吉小教堂，保羅·佳布列·葉內

HERMITAGE LA CHAPELLE
PAUL JABOULET AÎNÉ

市價行情

約 5,500 元

主要品種

希哈

好年分

1961,78,89,90,2003,
09,10,12,15,16,17

該莊位於隆河區北部，占
地高達 114 公頃。除釀酒
以外，也兼營仲介業務。
堪稱隆河區事業版圖頗大
的葡萄酒企業。

艾米達吉小教堂，競標價超越羅曼尼・康帝

　　保羅・佳布列・葉內（Paul Jaboulet Aîné）的作品中，以「艾米達吉小教堂」（Hermitage La Chapelle）最具水準，堪稱世界級紅酒。據說小教堂的名稱是為了紀念 13 世紀某位騎士隱居於此，並用石頭建造的禮拜堂。

　　在 2007 年倫敦的一場拍賣會，艾米達吉小教堂頭一次嶄露頭角，並擠進頂級葡萄酒之列。當時，一箱 1961 年產的拍品竟在買家的競投下，最後竟然以 12 萬 3750 英鎊（約新臺幣 460 萬元）成交。

　　這個價格遠高於當時 1978 年產的羅曼尼・康帝（售 9 萬 3,500 英鎊，約新臺幣 347 萬元），而成為焦點新聞。

　　自此以後，艾米達吉小教堂便與波爾多或布根地的葡萄酒並駕齊驅，成為投資家的口袋名單之一。連羅伯特・派克也讚不絕口：「1961 年產的小教堂是我喝過的紅葡萄酒中，最傑出之一。」除此之外，1978 年與 1990 年產的葡萄酒也獲得百分滿點的殊榮。我記得自己在品嚐 1978 年產的小教堂時，當時只有一種感覺，那就是完美無瑕，紅酒中的紅酒。

　　話說 1990 年的小教堂在獲得派克的滿級分以後，負責釀酒的傑拉・佳布列（Gerald Jaboulet）不幸去世，該酒莊於是低迷過一段時期。後來經過十幾年的勵精圖治，總算奪回往日光芒，分別在 2003 年獲得派克 96 點，2009 年 98 點的佳評。

柏卡斯特酒莊，獻給雅克·貝漢

CHÂTEAU DE BEAUCASTEL HOMMAGE A JACQUES PERRIN

市價行情

約 **1.1** 萬元

主要品種

慕維得爾、希哈、格那希、古諾日

好年分

1921,48,49,55,59,61,
62,66,71,75,78,82,90,
95,2000,03,05,09,10,
12,15,16,17

酒標上的徽章為酒莊興建時，宅邸牆上的裝飾。

教皇新堡首創，13種葡萄齊聚一堂

隆河區有一片幅員廣闊的產區，名為教皇新堡。教皇新堡顧名思義就是「專為羅馬教皇新設的城堡」，於是在這片土地上逐漸發展成一個進貢教皇葡萄酒的村莊。

其中，柏卡斯特酒莊（Château de Beaucastel）就是其中實力堅強、數一數二的釀酒廠。柏卡斯特是隆河區的老字號，在教皇新堡有一大片葡萄園，占地高達 130 公頃。除此之外，他們也是隆河區第一個嘗試有機葡萄的酒莊，而且努力至今。

教皇新堡有 13 種法定葡萄品種。想一舉包辦這些品種，不論是耕種或釀造都有難度，而且風險頗高。然而，柏卡斯特卻有能力種齊這 13 種葡萄，同時根據酒款選擇合適的品種，進行混釀，讓葡萄酒展現層次分明的深度。

柏卡斯特的高級品牌獻給雅克‧貝漢（Hommage à Jacque Perrin），更是精選慕維得爾（Mourvèdre）的老藤，讓紅酒在濃郁中又不失透明感，散發一種出類拔萃的風味。而且品質穩定，無論哪一個年分都維持一定水準，成為派克採點的常勝軍。其中，又以 1989 年與 1990 年產最被派克青睞，被譽為前無古人，後無來者的稀世珍品。

除此之外，布萊德‧彼特以及安潔莉娜‧裘莉（Angelina Jolie）前伉儷，在普羅旺斯打造的米哈瓦酒莊（Château Miraval），也是委由柏卡斯特釀造。米哈瓦的粉紅酒獲得酒評家一致推崇，首批的 6,000 瓶也在幾小時內搶購一空。

海雅酒莊

CHATEAU RAYAS

市價行情

約 **2.2**萬元

主要品種

格那希

好年分

1989,90,95,2003,05,
09,10,12

OTHER WINE

海雅酒莊
教皇新堡精釀白酒
CHATEAU RAYAS
CHATEAUNEUF
DU PAPE BLANC

約 **1**萬元

海雅的頂級白酒在隆河區極
負盛名。熟成期間長達 5 到
15 年，因此又有「隆河蒙哈
榭」之稱，是不少投資家的
私房名單。

海雅──派克推崇，售價飆漲 40 倍

　　海雅酒莊（Château Rayas）堪稱風格獨具，特立獨行。因為直到 1980 年代後期，才安裝電力設備。除此之外，在釀酒方面相當獨樹一格，例如海雅酒莊生產的教皇新堡，只挑法定 13 個品種中的「格那希」（Grenache）來釀酒。

　　這款教皇新堡深受羅伯特・派克的青睞，堪稱人氣與實力兼備的佳釀。其中的 1990 年產，更是獲得派克的推崇：「這是我私人收藏中，最傑出的一款。」目前售價已從當初的 40 美元至 50 美元（約新臺幣 1,200 元至 1,500 元），飆漲到 1,600 美元（約新臺幣 4.7 萬元）。

　　說起海雅酒莊，最有名的莫過於 1920 年接手的第二任莊主路易・雷諾（Louis Reynaud）。及至現今，他雖是人們口中的怪胎（eccentric），也有引起非議之處，例如將不屬於一級園的葡萄酒標示為一級葡萄園等。即便如此，他仍受到教皇新堡最有分量的羅伊男爵（Baron Le Roy）另眼相看，甚至榮獲隆河區第一釀酒師的美名。

　　在路易離世後，由有「教皇新堡教父」之稱的傑克・雷諾（Jacques Reynaud）繼承父志。他的努力讓原本落後於波爾多與布根地的隆河區，知名度越來越高，堪稱隆河區的一大功臣。

　　1997 年，當傑克去世之後，由第四代莊主艾曼紐・雷諾（Emmanuel Reynaud）接手。他也在堅守傳統下，推出國際公認的頂級佳釀。

如何分辨假酒

　　話說 1600 年代，市面上出現假冒英國人最愛的歐布里雍紅酒。在記載中，這件事是假酒風波的始祖。後來，歐布里雍為了遏止這股歪風，特地變換酒瓶造型以示區別。

　　然而，時代進步至今，假酒的橫行仍是業者的煩惱之源。因為從前只須根據酒標上的拼字，便可輕易分辨真假。可惜的是，隨著技術的演進，仿冒技巧越趨精湛，若沒跟真品放在一起比較，真的很難分辨真偽。事實上，我也碰過幾瓶國際詐欺犯魯迪（Rudy Kurniawan）做的假酒。只能說分辨葡萄酒的真假，確實需要一定功力。

　　對業界人士而言，辨識葡萄酒真假的第一步，就是觀察酒標的紙質、字體、設計或印刷方法。不過，這些資訊對於高級葡萄酒的釀酒廠來說，卻是企業機密，外人不可能輕易得知。

　　以酒標的紙質來說，以頂級葡萄酒聞名的彼得綠堡只使用特殊材質。另外，羅曼尼・康帝的紙質看似樸素，但觸感與光澤跟一般紙質完全不同。不少假酒習慣用磨砂紙等摩擦標籤，製造陳年羅曼尼・康帝的滄桑感。不過，這也可以透過手的觸感分辨真假。

　　除此之外，字體也是辨識的關鍵之一。例如，某些酒莊依照年分調整酒標的字體，或引進一般難以複製的印刷技術等。以頂尖酒莊為例，彼得綠堡的辨識重點在於聖彼得圖樣；拉圖酒莊在於獅子；而白馬酒莊就是金黃色墨料等。

　　換言之，各個葡萄酒自有不同的觀察重點。為了防止酒標的造假，不少酒莊除了紙質以外，也採用罕見的特殊墨料。

　　印刷的方法也是各大酒莊的殺手鐧之一。其中，最佳範本莫過於羅曼尼・康帝。如右頁所示，酒標的印刷不僅不容易模仿，同時字體採用精巧的邊框設計。

左邊為贗品，右邊為真貨，其中真偽取決於字體的邊框（按：羅曼尼‧康帝的新年分酒標又改為無邊框字體）。

　　大多數人都不知道，其實假酒的氾濫問題，遠超過我們的想像。即使在現代，市面上仍有許多魯迪的假酒到處流竄。甚至有資訊顯示，部分假酒早已流入日本市場。

　　為了避免買到贗品，須細心辨識。即使是木盒包裝的酒，品質看似有保障，其實也可能是假酒。因為許多不肖人士看準消費者對木盒的信任，會專門打造精美盒子。除此之外，透過拍賣行或信用佳的酒商也是不錯的管道（按：但拍賣會正好是魯迪的銷售管道。不論從哪個管道取得葡萄酒，都得仔細辨識真假。）。

第七章

義大利——
葡萄酒產量第一大國

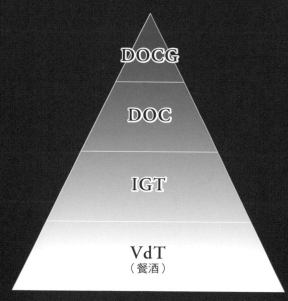

※ 因應 2009 年推行之葡萄酒新法，DOCG 與 DOC 有時
　也標示為「DOP」。

除了法國以外，義大利也是並駕齊驅的葡萄酒大國。據 2017 年資料顯示，其產量不僅超越法國，高居全球第一，出口額也排名世界第二。義大利的本土葡萄品種高達兩千種以上，而且釀酒事業遍及全國 20 個行政區。

　　義大利也有專屬的分級制度，如左圖所示的金字塔級別中，最高等級稱為「DOCG」（保證法定產區葡萄酒，Denominazione di Origine Controllata e Garantita）。

　　其中，又以皮埃蒙特省（Piemonte）與托斯卡尼省（Toscana）的葡萄園以 DOCG 居多，因此公認為高級葡萄酒的產地。以下就列舉其中幾款值得注目的佳作。

達瑪姬，歌雅
DARMAGI
GAJA

市價行情
約 **6,000** 元

主要品種
卡本內·蘇維濃、梅洛、
卡本內·弗朗

好年分
2001,08,11,12,15

1973 年，第三代莊主喬凡尼·歌雅
（Giovanni Gaja）為「強調品牌」，
特地將酒標改為紅色字體。這個行
銷手法讓歌雅一夕爆紅。目前改走
黑白色調的簡約風。

不受制約，酒王瘋狂挑戰傳統

在義大利，最有名的葡萄酒產區非皮埃蒙特州莫屬。在這之中，又以朗格（Langhe）地區的巴巴瑞斯科村與巴羅洛村最負盛名。

這兩個村莊屬於義大利葡萄酒產區，最高級別 DOCG。當地釀造的葡萄酒大都冠上巴巴瑞斯科或巴羅洛的名號。

特別是皮埃蒙特州歷經五代的老字號「歌雅」酒莊更是個中翹楚。歌雅頂著巴巴瑞斯科的頭銜行銷全世界，在國際間揚名立萬。甚至贏得「義大利葡萄酒之王」的稱號。

歌雅的旗艦酒巴巴瑞斯科（見 181 頁左上方圖）皆出自歌雅家族代代相傳的 14 個葡萄園，堪稱極品中的極品。甚至在《富比士》（Forbes）雜誌發表的巴巴瑞斯科代表性酒莊中，也由歌雅獨占鰲頭。

另一方面，歌雅也以不受傳統制約、擅長另闢蹊徑聞名。特別是第四代莊主安傑羅・歌雅（Angelo Gaja）曾大膽採用當時義大利嚴禁的法國品種，或者推出一些千奇百怪的酒名。竭盡能事的顛覆傳統。

其中，最有名的趣聞莫過於安傑羅將巴巴瑞斯科中，一塊肥沃農園裡的義大利品種內比奧羅剷除一小部分，改種法國的卡本內・蘇維濃。

他父親在得知他的膽大妄為以後，不禁脫口而出：「可恥啊（Darmagi）！」

沒想到父親一句無心的哀嘆，催生出這個以卡本內・蘇維濃為主的「達瑪姬」（DARMAGI）。及至現今，達瑪姬仍是有

錢也買不到的珍品之一。

1960 年代，安傑羅推出世界首創，巴巴瑞斯科的單一園作品。他在巴巴瑞斯科中，選出柯斯達・露西（Costa Russi）、提丁南園（Sori Tildin）與聖羅倫索南園（Sori San Lorenzo）等三個各具特色的農地，做為單一葡萄園。另外，也在巴羅洛複製思沛（Sperss）與康堤沙（Conteisa）兩座單一園。

1979 年，他更在素以紅酒聞名的巴巴瑞斯科，選一塊最肥沃的土地種植夏多內，嘗試釀造白酒「歌雅與蕾」（Gaia & Rey）。他這個異想天開的創舉，當時連親朋好友都目瞪口呆。不過，這款白酒現在卻是各大拍賣會上的極品。

除了皮埃蒙特州，該酒莊還進軍托斯卡尼州（Tuscany）。1994 年，在托斯卡尼州的蒙達奇諾（Montalcino）買下一塊農地以後，專門生產布魯內洛・蒙達奇諾（Brunello di Montalcino，見 195 頁）。

除此之外，他也在超級托斯卡尼（Super Tuscan，見 185 頁）的聖地寶格麗（Bolgheri）村，生產名稱獨特的卡瑪康達（Ca'marcanda）。據聞安傑羅一踏上這片土地時，便被當地的土質深深吸引，決定將這塊風水寶地收為己有。可惜的是，交易進行得並不順利。前前後後談了 18 次，最後才終於如願以償。

如此波折的過程，讓安傑羅靈機一動，將此地釀造的葡萄酒命名為「Ca'marcanda」（指沒完沒了的談判）。而卡瑪康達在他的努力不懈下，於 2000 年華麗登場。

歌雅的其他酒款

巴巴瑞斯科
BARBARESCO
約 **6,200** 元
旗艦酒

科斯達·露西
COSTA RUSSI

提丁南園
SORI TILDIN

聖羅倫索南園
SORI SAN LORENZO
各約 **1.3** 萬元
巴巴瑞斯科
單一園系列

思沛
SPERSS

康堤沙
CONTEISA
各約 **7,000** 元
巴羅洛單一園系列

卡瑪康達
CA'MARCANDA
約 **4,000** 元
超級托斯卡尼的聖地
寶格麗的紅酒

歌雅與蕾
GAIA & REY
約 **7,400** 元
巴巴瑞斯科的夏多內白酒

巴羅洛・法列多　布魯諾・賈寇薩

BAROLO FALLETTO
BRUNO GIACOSA

市價行情

約 **1.1** 萬元

主要品種

內比奧羅

好年分

1989,90,96,97,98,99,
2000,01,04,05,07,08,
11,12,14

酒標分為紅白兩種。圖中為俗稱「紅標」的「珍藏版」。珍藏版指熟成時間較長的酒款。巴羅洛的珍藏紅酒規定須熟成五年以上方可出貨。

葡萄酒巨匠的不世功勳

　　義大利皮埃蒙特州的朗格地區出過一位傳奇釀酒師，那就是布魯諾‧賈寇薩（Bruno Giacosa）。當他於 2018 年 1 月，以 88 歲的高齡撒手人寰時，世界各地的粉絲紛紛透過 IG（Instagram）或推特（Twitter）等社群網站，細數他生平的豐功偉業，以示追悼。

　　布魯諾 15 歲時，便隨同祖父輩釀酒。他對當地的固有品種內比奧羅情有獨鍾。他偏好遵循傳統，亦即減少收成，以發揮風土條件，或許就是來自於這個時期的啟蒙。1960 年代，他與信譽佳的農戶合作，自此自創品牌。

　　直到 1980 年代，他才在巴羅洛購買農地。誠如《葡萄酒鑑賞家》所形容：「這簡直是巴羅洛的羅曼尼‧康帝（This is Romanée Conti of Barolo.）。」布魯諾的作品，在眾多巴羅洛葡萄酒中，獲得一致好評。

　　1990 年代，布魯諾接著在巴巴瑞斯科購地，他的葡萄酒與歌雅，並稱巴巴瑞斯科的兩大巨塔。

　　布魯諾的絕技莫過於讓阿內斯（Arneis）品種起死回生。阿內斯是皮埃蒙特州特有的白葡萄品種。過去只用於混釀，調和內比奧羅品種的單寧酸。後來，因為不少釀酒廠開始生產 100％的內比奧羅，導致阿內斯品種的需求驟減。

　　然而，布魯諾卻反其道而行，鎖定缺乏行情的阿內斯，想方設法釀造阿內斯專屬的白酒，因此成功搶救瀕臨絕種的阿內斯。及至現今，阿內斯白酒所散發的杏仁與榛子香，反而博得廣大人氣。

薩西凱亞
SASSICAIA

市價行情
約 **6,700** 元

主要品種
卡本內·蘇維濃、
卡本內·弗朗

好年分
1985,2006,07,08,
09,13,15,16

以生產薩希凱亞聞名
的寶格麗村，目前已
是舉世知名的「超級
托斯卡尼聖地」。

184

超級托斯卡尼的先驅——薩西凱亞

自 1990 年代起，全球興起一股義大利的「超級托斯卡尼」風潮。超級托斯卡尼指托斯卡尼州中，無視義大利葡萄酒法規，自由選擇品種與釀造方法的葡萄酒。前衛的思維與類似加州高級葡萄酒的風味，讓超級托斯卡尼成為義大利高級葡萄酒的代名詞。更是各大拍賣會中的搶手拍品。

其中，又以「薩西凱亞」堪稱超級托斯卡尼的先驅。話說 1940 年代，當時的莊主在因緣際會下，從波爾多帶回卡本內‧蘇維濃的種苗。在無心插柳下，這個法國品種竟然在異鄉開花結果，自此開啟它的釀酒序幕。

由於義大利嚴禁使用法國品種，當時的薩西凱亞列屬等級最低的「餐酒」。

然而，這個分級並無法掩蓋薩西凱亞的鋒芒。因為 1985 年產的紅酒被派克採點評為百分滿點，為義大利贏得首次殊榮。區區的餐酒卻獲得酒評家的最高評價，從此成為超級托斯卡尼的表徵。2018 年，在《葡萄酒鑑賞家》每年舉辦的盲飲大賽中，更榮登年度百大佳釀之首。

使用法國品種的薩西凱亞，成功展現波爾多高級葡萄酒（Grand Vin）欠缺的義大利風格——不失日常的輕鬆自在。一般說來，卡本內‧蘇維濃的酒體偏於飽實，然而在義大利巨匠的巧手下，竟變化出不偏不頗、泰然自若的風味。

歐瑞納亞

ORNELLAIA

市價行情

約 **6,000** 元

主要品種

卡本內·蘇維濃、梅洛、
卡本內·弗朗、小維多

好年分

1997,99,2001,06,08,
09,10

▎權威雜誌票選冠軍，藝術級時髦酒莊

除了薩西凱亞以外，歐瑞納亞（Ornellaia）也是超級托斯卡尼的代表之一。歐瑞納亞同樣屏除當地的葡萄品種，透過法國品種翻轉義大利葡萄酒的風貌。自從 2001 年，榮登《葡萄酒鑑賞家》年度百大佳釀寶座以後，自此在超級托斯卡尼中奠定屹立不搖的地位。

歐瑞納亞酒莊仿照木桐酒莊的酒標，每年更換不同的藝術作品，2009 年起，與藝術家合作推出限定版（如右下圖）酒款。酒莊內甚至附設美術館，展示各種與葡萄酒相關的藝術作品。

自 2013 年，歐瑞納亞酒莊嘗試利用白蘇維濃（Sauvignon blanc）以及維歐尼（Viognier）來釀造歐瑞納亞白酒（Ornellaia Bianco）。由於產量稀少，限量 4,000 瓶，因此甫一推出便瞬間秒殺。

這款前所未有的白酒推出以後，「馬賽多」（Masseto，見下頁）的釀酒師海因茨（Axel Heinz）甚至誇下海口：「寶格麗產區的白酒潛力無窮，絕對不輸其他頂級葡萄園。後來誠如他所言，2013 年產的歐瑞亞白酒獲得酒評家的一致推崇，在各大評比中均贏得佳績。

▲與藝術家合作的限定酒款。

馬賽多
MASSETO

市價行情
約 **2.2** 萬元

主要品種
梅洛

好年分
1999,2001,04,06,07,
08,10,11,12

歐瑞納亞與馬賽多原為安蒂諾里莊主之弟──羅多維科（Lodovico Antinori），於 1981 年設立的歐瑞納亞酒莊。目前納入弗列斯科巴爾第（Frescobaldi）公司旗下。

馬賽多打破傳統，擄獲美國收藏家

因歐瑞納亞而聲名遠播的歐瑞納亞酒莊，還有另一款超級托斯卡尼葡萄酒，那就是馬賽多。

馬賽多的價格在義大利葡萄酒中數一數二，加上連年獲得派克採點的高分評比，堪稱超級托斯卡尼的表徵。特別是榮獲派克採點百分滿點的 2006 年產，更是最熱門的暢銷酒款。即便是在拍賣會也很難搶購。

馬賽多如此眾所矚目，是因為薩西凱亞或歐瑞納亞等知名超級托斯卡尼，大多用卡本內‧蘇維濃釀製而打出名號。然而，馬賽多卻另闢蹊徑，挑戰用 100％梅洛品種來釀製。

梅洛怕熱又不容易耕種，當他們在葡萄園中試著栽培以後，沒想到釀造出來的葡萄酒竟然超乎預期。首批試產雖然僅僅600 瓶，但在第二年，也就是 1987 年正式推出時，產量提高至三萬瓶。

馬賽多只要一推出總是佳評不斷，越來越受歡迎。從此奠定它在超級托斯卡尼中屹立不搖的地位。

在派克採點的加持，與時髦造型下華麗登場的馬賽多，讓不少美國葡萄酒迷為之傾倒。

說到採用梅洛的葡萄酒，最有名的莫過於法國鼎鼎大名的樂邦與彼得綠堡。然而，馬賽多的強勁有力與豐潤細緻的風味，成功擄獲偏愛梅洛的美國收藏家。

提納內羅

TIGNANELLO

市價行情

約 **3,600** 元

主要品種

桑嬌維賽、卡本內·弗朗、
卡本內·蘇維濃

好年分

1990,97,2001,04,07,
08,09,10,13,15,16

女星梅根的最愛，提納內羅

　　1970 年代，義大利托斯卡尼葡萄酒中，出現一款酒帶領現代風潮，那就是提納內羅（Tignanello）。這款紅酒以當地的桑嬌維塞（Sangiovese）品種為主，混釀法國的卡本內・蘇維濃與卡本內・弗朗，成功導引出桑嬌維塞的魅力。提納內羅不拘泥於傳統的創意，為後來的超級托斯卡尼開闢另一個新天地。

　　近年來，因為深得美國女星梅根・馬克爾（Rachel Meghan Markle）喜愛，隨著 2018 年梅根與英國哈利王子的世紀婚禮，讓提納內羅也成為新聞的熱門話題。

　　據說梅根官方部落格之所以命名為「The Tig」，就是取自提納內羅的開頭字母「Tig」。這個部落格雖然已經關閉，但她之前會不時針對提納內羅抒發己見。

　　提納內羅是托斯卡尼地區安蒂諾里（Antinori）酒莊的代表作。而安蒂諾里酒莊在義大利葡萄酒中，有舉足輕重的地位。

　　安蒂諾里的釀酒事業由來已久，甚至可以追溯至 1385 年。因此，它不僅是義大利，也是全世界最古老的酒莊。六百多年來，該酒莊一直由安蒂諾里家族經營（目前為第 26 任莊主）。安蒂諾里酒莊總部設在托斯卡尼，行銷網遍及義大利各地。除此之外，亦進軍美國與智利等國，積極拓展事業版圖。

　　2012 年，安蒂諾里家族耗費七年歲月，與高達 27.7 億元巨資，打造的新酒莊終於竣工。這座大膽啟用翡冷翠年輕建築師設計的酒莊，造型摩登、自由奔放，用壓卷之作來形容也不為過。

SOLAIA

索拉亞

市價行情

約 **7,800** 元

主要品種

卡本內・蘇維濃、
桑嬌維塞・卡本內・弗朗

好年分

1985,97,2001,04,07,
09,10,12,13,14,15

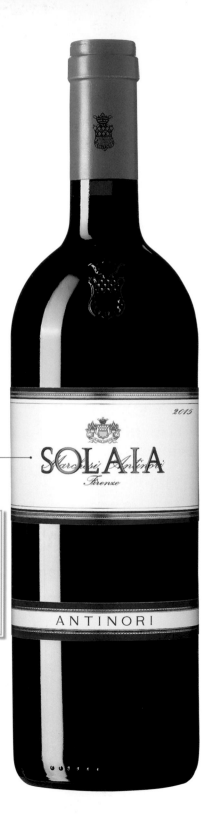

自推出以來，每年更換
葡萄的混釀比例。歷經
20 年的不斷嘗試，總
算摸索出目前的比例與
風味。

▌廢物利用下的華麗翻身

索拉亞（Solaia）是安蒂諾里家族繼提納內羅以後，推出的新款作品。

提納內羅以桑嬌維塞為主，再佐以卡本內・蘇維濃與卡本內・弗朗來混釀。而索拉亞則是完全以卡本內・蘇維濃為主。

之所以有這種截然不同的做法，其實是因為當初預定撥給提納內羅用的卡本內・蘇維濃，產量過多。於是安蒂諾里酒莊廢物利用，將多出來的卡本內・蘇維濃，拿來釀造新酒，可以說，索拉亞是無心插柳的結果。

然而，義大利當時還無法接受以法國品種為主的葡萄酒。索拉亞與提納內羅同樣被業界視為怪咖，紛紛敬而遠之。

即便如此，索拉亞與其他超級托斯卡尼卻在國際間備受矚目。目前更是好評不斷。

2000 年，義大利葡萄酒首次榮獲《葡萄酒鑑賞家》票選冠軍。除此之外，在號稱托斯卡尼最佳年分的 2015 年，索拉亞同樣在國際間贏得極高的評價，除《葡萄酒代言人》百分滿點的評比以外，連羅伯特・派克也讚不絕口。

現今索拉亞已與提納內羅並稱安蒂諾亞酒莊的代表作，成功吸引全球收藏家的關注。

布魯內洛‧蒙達奇諾珍藏紅酒，碧安帝‧山迪

BRUNELLO DI MONTALCINO RISERVA
BIONDI-SANTI

市價行情
約 **1.7** 萬元

主要品種
布魯內洛(大桑嬌維塞)

好年分
1955,97,2001,04,05,
06,10

RISERVA 為義大利文，意思是珍藏。凡是冠上 RISERVA 的葡萄酒，不論是樹齡或熟成期等均須符合法規標準。

布魯內洛的人氣，端賴女王加持

布魯內洛・蒙達奇諾（俗稱布魯內洛），是一款採用義大利托斯卡尼州中，蒙達奇諾村的布魯內洛葡萄所釀造的葡萄酒。也是與超級托斯卡尼分庭抗禮的義大利高級紅酒。

布魯內洛起始於 1800 年後期，是托斯卡尼名門的碧安帝・山迪（biondi santi）家族，在蒙達奇諾村從當時主流的桑嬌維塞孕育出來的新品種，大桑嬌維塞（Sangiovese Grosso，亦即布魯內洛品種）。不同於蒙達奇諾村以往用桑嬌維塞釀造口感輕盈的紅酒，或其他便宜白酒，布魯內洛的口感濃郁豐潤，一推出便造成轟動。

然而，布魯內洛需要一段時間的熟成，無法立即出貨、入帳。因此，布魯內洛品種遲遲無法獲得其他釀酒廠的青睞，始終乏人問津。

直到 1969 年，義大利的首相朱塞佩・薩拉蓋特（Giuseppe Saragat）訪問英國時，才有了峰迴路轉的發展。薩拉蓋特在出席伊莉莎白二世女王（Queen Elizabeth II）招待的國宴時，準備一瓶碧安帝・山迪釀造的 1955 年布魯內洛・蒙達奇諾珍藏紅酒。自此展開歷史性的一頁。

據聞伊莉莎白女王對這瓶佳釀驚為天人，引發媒體爭相報導。自此布魯內洛・蒙達奇諾被譽為「義大利葡萄酒女王」，瞬間吸引全球矚目。

後來，蒙達奇諾村的釀酒廠便紛紛加入布魯內洛的行列，將產量提高三倍，成為義大利紅酒的代表酒款。目前因為新添不少實力堅強的生力軍，讓布魯內洛在國際間更受好評。

布魯內洛‧蒙達奇諾之諾瓦莊園，卡薩諾瓦

BRUNELLO DI MONTALCINO TENUTA NUOVA

CASANOVA DI NERI

市價行情

約 **2,800** 元

主要品種

布魯內洛（大桑嬌維塞）

好年分

1993,97,98,2006,10,
11,12,13

OTHER WINE

瑟雷塔多

CERRE TALTO

CASANOVA DI NERI

約 **8,600** 元

俗稱黑標，指單一園釀造的
布魯內洛‧蒙達奇諾。

來自家族企業的兩大精釀紅酒

說起托斯卡尼，世人總以為葡萄酒產地奇揚地（Chianti）是休閒酒款的代表，而超級托斯卡尼等於高級葡萄酒的代名詞。在這種成見下，卡薩諾瓦酒莊（Casanova Di Neri）因為一款頂級布魯內洛・蒙達奇諾（Brunello di Montalcino）紅酒，而奠定屹立不搖的地位。

卡薩諾瓦酒莊自 1971 年設立以來，一直堅守家族經營的方式。即使歷經三任莊主，從未開放其他資金加入。各界甚至看好卡薩諾瓦的實力，認為有望成為義大利新世代葡萄酒的代表。

卡薩諾瓦酒莊除了布魯內洛・蒙達奇諾（俗稱白標），像是布魯內洛・蒙達奇諾之諾瓦莊園（Tenuta Nuova）與布魯內洛・蒙達奇諾之瑟雷塔托（Cerretalto，俗稱黑標）也極其有名。

諾瓦莊園與瑟雷塔托榮獲葡萄酒雜誌與酒評大師的一致推崇，這兩款酒讓卡薩諾瓦酒莊的名聲響遍全球。目前已成為布魯內洛地區酒莊的代表。

特別是在 2006 年《葡萄酒鑑賞家》的年度百大佳釀中，2001 年產的諾瓦莊園奪得頭籌，讓卡薩諾瓦一夕爆紅。諾瓦莊園從卡薩諾瓦酒莊兩處最高等級葡萄園中，精選出葡萄並釀造而成。也是布魯內洛・蒙達奇諾系列，首次榮登《葡萄酒鑑賞家》票選冠軍的傑作。

另一方面，俗稱黑標的瑟雷塔托則採用單一園的葡萄，在 4 公頃的狹小農地，少量生產 8,000 瓶至 9,000 瓶葡萄酒。2010 年產的評價極高，甚至榮獲《葡萄酒代言人》百分滿點的評比。

索德拉，卡賽巴塞

SOLDERA CASE BASSE

市價行情
約 **1.7** 萬元

主要品種
布魯內洛(大桑嬌維塞)

好年分
1990,93,95,99,2001,
02,04,06

一夕泡湯的慘劇，換來塞翁失馬的結局

在眾多布魯內洛・蒙達奇諾的釀酒廠中，卡賽巴塞（Case Basse）酒莊因為堅持獨特的釀酒哲學而大放異彩。

卡賽巴塞的創始人詹弗蘭科・索德拉（Gianfranco Soldera）原本在保險公司上班，憑著對葡萄酒的一腔熱情，毅然決然於1972年轉換跑道，在蒙達奇諾開設酒莊，當起釀酒師。他自有一套與眾不同的哲學觀，例如製程符合環保概念，堅持培植並釀造有機葡萄酒等。他的經營方針與哲學在國際間引起共鳴，吸引不少忠實的卡賽巴塞粉絲。

在各種布魯內洛紅酒中，卡賽巴塞酒莊的旗艦酒款索德拉（Soldera）價格非比尋常。然而，之所以如此昂貴，其實全因一個意外所引起。

話說2012年，當時酒窖中等待熟成2007年到2012年分的紅酒接近8.5萬瓶。沒想到因為離職工人洩憤，讓橡木桶中葡萄酒在一夕之間泡湯。一般說來，這種慘劇對於任何酒莊而言，絕對是致命一擊。然而，物以稀為貴，這個意外反而讓卡賽巴塞的價格節節升高，甚至成為拍賣會的搶手貨。

蒙達奇諾協會曾因此提議：「不妨跟其他酒莊調貨？」沒想到索德拉卻因此大發雷霆，立即退出協會。因為對於堅守品質毫不妥協的他而言，協會的建議等於是可忍，孰不可忍的冒犯。

之後，卡賽巴塞酒莊調降為地區餐酒（IGT）等級，2006年後的酒標便不再是布魯內洛・蒙達奇諾，而是托斯卡尼。2006年產的葡萄酒其實有兩種標記。先前出貨的紅酒標示為布魯內洛・蒙達奇諾（見左圖），剩下的庫存則為托斯卡尼。

雷迪加菲，圖爾·麗塔

REDIGAFFI TUA RITA

市價行情

約 **7,000** 元

主要品種

梅洛

好年分

1998,99,2000,01,06,07,
08,09,10,11,13,15,16

酒莊名稱取自女莊主
之閨名，麗塔·圖爾
（Rita Tua）。

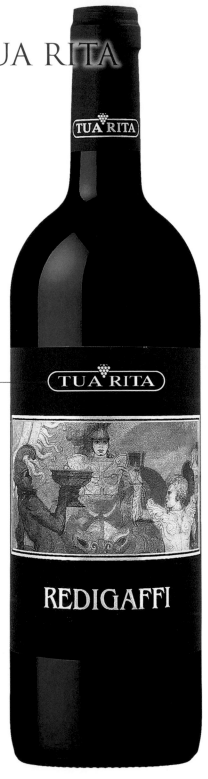

窮鄉僻壤的璀璨巨星

圖爾‧麗塔（Tua Rita）是一家創業於 1984 年，歷史尚淺的酒莊。具備 DOCG 水準的它，卻來自托斯卡尼州一個名不見經傳的產區蘇維雷托（Suvereto）。

當時的女莊主懷著「回歸自然」的想法，買下兩公頃的土地（現在已擴充至 30 公頃）。沒想到卻遇上一塊風水寶地。當地的土質特殊罕見，具備法國品種所需的一切條件。

1988 年，麗塔開始嘗試種植梅洛。這個契機催生出 100％梅洛的旗艦酒雷迪加菲（Redigaffi）。

雷迪加菲的首釀年分酒雖僅生產 125 箱（1,500 瓶），但一推出便讓不少酒評家讚不絕口，同時聯想起同樣採用單一梅洛釀造極品紅酒的彼得綠堡。於是，各界以為圖爾‧麗塔可望成為明日之星。

即使羅伯特‧派克也對圖爾‧麗塔推崇備至，為世上又出現一個正宗梅洛而興奮的表示：「不論是克里斯汀‧莫邑克斯（Christian Moueix，彼得綠堡莊主）或米歇爾‧羅蘭（波爾多右岸知名葡萄酒顧問），也應該會對雷迪加菲充分展現梅洛的特質，而嘆為觀止吧。」

雷迪加菲自推出以來，便在各大評比中獲得高分。即使在托斯卡尼州風調雨順的 1997 年，該酒莊雖然生產不如預期，卻榮獲《葡萄酒鑑賞家》百分的評比。基於這些因素，世上的葡萄酒迷喜歡將雷迪加菲，與同樣採用單一梅洛的馬賽多相提並論，它的競爭潛力吸引不少酒迷開始收藏。

葡萄酒拍賣入門

　　佳士得、蘇富比或施氏（Zachys）等國際拍賣行，在全球均設有據點，同時在世界各地定期舉辦葡萄酒拍賣會，讓人競標。對平民百姓而言，總覺得競標的門檻頗高。其實並非如此，任何拍賣會都沒有買家限制，只要有意願，人人皆可參加。

　　以目前的作業流程而言，可透過以下四種途徑參加拍賣會：

1. 親赴拍賣會場，直接競投。
2. 透過電話競投。
3. 事先提交出價表的缺席競投（或稱書面競投）。
4. 線上即時競投。

　　參加拍賣的葡萄酒，有各自的拍品編號與底價（指主辦單位與委託人決定的底標）。因此，即使競投者踴躍，如果低於底價（Reserve Price）的話，該次的拍品就無法成交。此時，拍賣官（Auctioneer）會宣告流標（Pass），然後進入下一個拍品。順帶一提，因為是拍賣禁忌，所以若無法成交，拍賣官不會說「未達底標」（Unsold）這個詞，以免觸霉頭。

　　此外，各個葡萄酒拍品都有預先設定的估價（Estimate），例如標示「1,000—1,500 美元」（約新臺幣 2.9 萬元至 4.4 萬元）。雖然拍品的底價不對外公開，但一般都低於估價 80％到 100％不等。

　　拍賣會在一個小時內，要進行 150 個左右的拍品。當拍賣官報出葡萄酒的酒款與出價（Bid）時，有意競投的買家便會立即舉起號碼牌（Paddle）。

　　出價也有一定的準則，例如 50 美元到 1,000 美元（約新臺幣 1,500 元至 2.9 萬元）的拍品，每口叫價提高 50 美元；1,000 美元到 2,000 美元（約新臺幣 5.9 萬元），則提高 100 美元（約新臺幣

3,000 元），所有拍品的價碼皆依此類推。

　　如遇買家的競投金額相同時，便由拍賣官根據舉牌的快慢定奪。拍品成交以後，買家須另外支付拍賣行的手續費（截至 2019 年，各大拍賣行的手續費約為 23％到 23.5％）。

　　出價的過程千鈞一髮，需要眼明手快、當機立斷。因此，須事先調查拍品的內容與預計成交價等。

　　拍賣會舉行前兩週會完成拍品圖錄，並送交給買家。有興趣的讀者不妨趁此機會鎖定自己喜歡的拍品。年代久遠一點的葡萄酒大多提供詳細說明，仔細閱讀葡萄酒的保存狀況為參加競投的關鍵。

　　若競投的拍品較為昂貴，或希望匿名時，可以選擇電話競投（Telephone Bidding）。只要事先告知有意競投的拍品編號，輪到那個拍品登場時，工作人員就會打電話通知買方。然後，透過電話的聯繫，替代買方參加競投。

　　另外，缺席競投（Absentee Bid，書面競投），則事先告知拍賣行出價上限。當同一批拍品出現多位缺席競投者時，以底價最高的買家得標（金額相同的話，則以喊價的先後決定），然後委由拍賣官代為處理。

　　近年來線上競投也成為另一種拍賣風潮。透過網路的即時傳輸，不論是在天涯海角，只要動一動手指就能直達拍賣官的天聽，兩三下便可輕鬆敲定自己物色的拍品。

拍品圖錄與買家編號。

第八章

美國加州葡萄酒——
不被傳統束縛

近幾十年來，只要提到葡萄酒總是離不開美國加州（加利福尼亞州，State of California）。因為加州釀造的葡萄酒極品膜拜酒（Cult Wine），讓全球酒迷為之瘋狂，甚至吸引法國的頂尖酒莊前往當地開疆闢土，讓加州陸續推出不受傳統束縛的佳作。

第一樂章
OPUS ONE

市價行情
約 **1.2** 萬元

主要品種
卡本內·蘇維濃、梅洛、
卡本內·弗朗、小維多、
馬爾貝克

好年分
1996,2002,03,04,05,
07,10,12,13,14,15,16

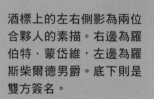

酒標上的左右側影為兩位
合夥人的素描。右邊為羅
伯特·蒙岱維，左邊為羅
斯柴爾德男爵。底下則是
雙方簽名。

SECOND WINE

序曲
OVERTURE

約 **4,200** 元

Overture 為二軍品牌，法文「序
曲」之意。產量稀少且精選年分
佳的葡萄釀造，基本上只在自家
酒莊銷售，市面上缺乏通路，因
此價格不菲。

第一樂章：兩大酒莊合作成果

　　法國的知名一級酒莊木桐與美國加州葡萄酒的先驅，羅伯特・蒙岱維（Robert Gerald Mondavi）在納帕谷有一項創投合作，那就是「第一樂章」。第一樂章的葡萄酒堪稱舊世界與新世界的融合，為葡萄酒文化開啟新的序幕。

　　這座酒莊的誕生始於 1970 年說起。當時，木桐的莊主羅斯柴爾德（Rothschild）男爵有意另闢戰場，開創新事業，於是邀請蒙岱維共襄盛舉。但蒙岱維卻在八年後，實際參訪波爾多時，才萌生合作意願。之後，雙方便緊鑼密鼓的進行試產，同時以納帕梅多克（Napa Médoc）為名，推出首批葡萄酒。

　　直到 1980 年，酒莊正式更名為第一樂章。所謂第一樂章是套用音樂的專業術語，代表「作曲家首次推出的傑作」。當新舊葡萄酒合而為一的瞬間，沒有比傑作（Master-Piece）更合適的形容詞。

　　第一樂章產量不小，每年生產 2.5 萬箱。但在嚴格的控管下，該酒莊的葡萄酒始終維持最佳品質，在市場上建立可靠與安心的品牌形象。如葡萄經過人工採摘後，再利用機械檢查顆粒的大小與成熟度，凡是不符合標準的葡萄全部捨棄不用。嚴謹的製程讓第一樂章出品的優質佳釀行銷全世界。

　　各位若有機會參訪納帕谷，不妨走一趟第一樂章。這個出自建築大師斯考特・強生（Scott Jonhson）手筆的酒莊，外觀華麗莊嚴，素有「納帕珠寶盒」之稱。

嘯鷹

SCREAMING EAGLE

市價行情

約 **10.6** 萬元

主要品種
卡本內‧蘇維濃、梅洛、
卡本內‧弗朗

好年分
1992,93,95,96,97,99,
2001,02,03,04,05,06,
07,09,10,12,13,14,15,
16

SECOND WINE

空軍二號
SECOND FLIGHT

約 **2.2** 萬元

以卡本內‧蘇維濃與梅洛品種為
主的二軍品牌。因為產量稀少，
堪稱夢幻級葡萄酒。

2010 年起酒帽與瓶身之
間貼附專屬辨識碼，以
防假冒。

史上最狂膜拜酒──嘯鷹。粉絲苦等 12 年

提起加州目前鋒芒最盛的葡萄酒，莫過於價格昂貴的膜拜酒。所謂的膜拜酒，指減少產量，根據物以稀為貴的原理，刺激酒迷收藏欲望的頂級葡萄酒。誠如膜拜（Cult）的字義，擔得起膜拜酒稱號的絕對是大師級水準，背後均有一群死忠鐵粉。

其中，又以嘯鷹的粉絲最為狂熱，堪稱「膜拜酒的翹楚」。這款紅酒每年僅生產 500 箱（6,000 瓶）左右，有意購買者至少需要等上 12 年。

嘯鷹酒莊的紅酒以卡本內・蘇維濃為主，酒精濃度頗高，因此風味濃郁、強勁有力。雖然舊世界的酒評家與釀酒師一致批評酒精濃度過高，風味過強或餘韻不佳之類。然而，在美國市場卻極受歡迎，甚至因為缺貨讓價格年年攀升。

特別是首釀年分酒，榮獲大師羅伯特・派克與《葡萄酒評鑑家》等各大媒體的青睞，一致推崇嘯鷹酒莊的紅酒成功展現舊世界欠缺的獨特風味。除此之外，六公升裝的 1992 年產（首釀年分）於 2000 年以 50 萬美元（約新臺幣 1,470 萬元）成交，從此奠定嘯鷹酒莊在膜拜酒中屹立不搖的地位。因為短短八年歲月，便能將一個酒齡尚淺的葡萄酒抬高至如此身價，絕對是前無古人、後無來者。

嘯鷹酒莊於 2012 年另闢產線，推出 100％白蘇維濃的精釀白酒。原本年產量 50 箱（600 瓶），在嘯鷹酒莊發布減產的新聞稿之後，讓拍賣會場的行情攀升到一瓶 3,000 美元（約新臺幣 8.8 萬元）。

哈蘭酒莊

HARLAN ESTATE

市價行情

約 **3** 萬元

主要品種
卡本內‧蘇維濃、梅洛、
小維多、卡本內‧弗朗

好年分
1991,92,94,95,96,97,
98,2001,02,03,04,05,
06,07,08,09,10,12,13,
14,15,16

SECOND WINE

莒蔻少女
THE MAIDEN

約 **1** 萬元

二軍品牌的「莒蔻少女」每年
變更混釀比例，同時維持 900
箱的產量。雖屬二軍，但實力
卻連舊世界的知名酒莊也不敢
小覷，甚至在歐洲的各大拍賣
會也極其搶手。

唯美優雅的酒標設計，出
自莊主威廉‧哈蘭的手筆。
據聞這個來自 19 世紀雕
刻的靈感，耗費他 10 年
光陰才總算完成。

哈蘭酒莊──20 世紀前十大葡萄酒

　　美國的商業界人士都有一個共同夢想，那就是退休後，開一家自己的酒莊。因此，不少精英階層將葡萄酒事業視為第二人生的奮鬥目標，不惜千金跨足葡萄酒事業。

　　而哈蘭酒莊（Harlan Estate）莊主威廉·哈蘭（H. William Harlan）的履歷，是眾人眼中欽羨的成功人士之一。話說哈蘭因投資房地產而成為巨富後，便於 1984 年成立哈蘭酒莊。同時，重金禮聘「葡萄酒魔術師」米歇爾·羅蘭加入團隊，正式推展釀酒事業。自從創業以來，這個經營團隊從未異動。

　　酒莊成立之初，雖然以「波爾多一級酒莊的葡萄酒」為終極目標。不過，任誰也沒有想到，那些一級酒莊歷經好幾百年才辛苦建立的榮耀，哈蘭的首釀年分酒便輕鬆達標。當時來自世界各處的酒評家，蒞臨 1990 年產首釀試飲會，他們對於哈蘭酒莊的初試啼聲，莫不給予高度讚賞。再加上後來哈蘭不斷榮獲派克採點百分滿點，因此一下子晉升巨星等級。

　　目前，該酒莊的葡萄酒價格甚至超過波爾多的一級酒莊，熱門的程度連郵寄名單（Mail List，會員訂購制）的權利，也能當成拍品喊價。一瓶當初訂價 65 美元（約新臺幣 2,000 元）的 1990 年產的葡萄酒，在 2019 年的拍賣會中，竟然飆至 1.300 美元（約新臺幣 3.8 萬元）。連知名酒評家傑西斯·羅賓遜也讚不絕口，直稱哈蘭的品質，絕對是 20 世紀的前十大。於是，哈蘭酒莊成為膜拜酒中的極品，自此在國際間打響名號。

龐德·梅爾柏瑞園
BOND MELBURY

市價行情
約 **1.4** 萬元

主要品種
卡本內·蘇維濃

好年分
2001,02,03,04,05,07,
10,12,13,14,15,16

OTHER WINE

瑪特里亞
MATRIARCH

約 **7,200** 元

取自五大單一園混釀的葡萄酒。
混釀比例雖為商業機密，但比起
任何單一園的葡萄酒，風味更加
均衡。

龐德酒莊──尋尋覓覓的單一園

自從「元祖膜拜酒」於 1990 年代問世以後，1990 年代後期有「新世代膜拜酒」之稱的酒莊，便如雨後春筍般相繼登場。

其中的龍頭，莫過於哈蘭莊主威廉・哈蘭所設立的龐德酒莊（Bond Estates）。之所以命名為龐德，其實取自於哈蘭母親的姓氏。

哈蘭以布根地為師，希望打造「充分展現當地風土條件的美酒」。因此，花了 25 年才在納帕谷找到適合耕種葡萄的理想環境。然後，又在八十幾個農地中選之又選，才鎖定出梅爾伯瑞園（Melbury）、維希納園（Vecina）、聖伊甸園（St. Eden）、普魯瑞布斯園（Pluribus）與奎拉園（Quella）等五個葡萄園。

龐德酒莊在這五大頂級農園栽種卡本內・蘇維濃，如同 DRC 般重視各個葡萄園的特性，專門釀造單一園葡萄酒。

例如，梅爾伯瑞園的風味融合辛香料與醇香，維希納園則在強勁有力中，帶有礦物質的質感（兩者皆生產於 1999 年），2001 年推出的聖伊甸園甘甜中帶著花草清香。2003 年推出的普魯瑞布斯園，凝鍊中飄散杉木氣息。2006 年發表的奎拉園，則是德文「自然之源」之意，因為該處覆蓋一層古代火山灰，釀造出來的葡萄酒生氣勃勃，酒體飽滿的緣故。

上述葡萄酒均取自單一葡萄園，產量稀少，年產 450 箱到 600 箱。加上獲得派克滿分百點的評價，因此價格年年高漲。

柯金酒莊，香草羔羊園

COLGIN
HERB LAMB VINEYARD

市價行情

約 **1.4** 萬元

主要品種

卡本內·蘇維濃

好年分

1994,95,96,97,99,
2001,06,07

OTHER WINE

提克森山丘
TYCHSON HILL 約 **1.4** 萬元

凱瑞
CARIAD 約 **1.4** 萬元

九號莊園
IX ESTATE 約 **1.7** 萬元

柯金酒莊生產的其他葡萄酒中，九號農園
因為栽種葡萄的條件齊備，因此又有世外
桃源之稱。

柯金酒莊：產量最少的膜拜酒，3000人痴痴等候

位於納帕谷的柯金酒莊（Colgin Cellars）釀造的葡萄酒，在各大拍賣會中，也是出名的高檔酒款。目前計有香草羔羊園（Herb Lamb Vineyard）、提克森山丘（Tychson Hill）、凱瑞園（Cariad）與九號莊園（IX Estate）等四個系列。

對於柯金而言，最值得紀念的當然非 1992 年的首釀年分酒莫屬。1992 年產的香草羔羊園，使用 100％卡本內・蘇維濃，贏得各界「令人驚豔的凝鍊感」與「深得高雅的真髓」等讚譽，因此甫一推出便如巨星般華麗登場。

之後推出的葡萄酒在各大評比中，也都表現亮眼。即使在 2000 年，納帕谷的大多數酒莊因氣候不佳，而陷入苦戰時，柯金的葡萄酒仍然香醇濃郁，由此可見該酒莊的實力。

柯金應該是納帕谷中膜拜酒產量最少的酒莊。各個酒款的年產量，竟然僅有 350 箱（4,200 瓶）。

除此之外，其中的 70％專供郵寄名單中，定期交易的老顧客訂購，而剩餘 30％則分留給紐約、加州等高級餐廳與海外市場。及至現今，郵寄名單的會員高達 8,000 人，候補名單中更有 3,000 人痴痴等候。

2017 年，坊間流傳 LVMH 集團有意收購柯金酒莊 60％股份。因此，該酒莊的行情上漲，上看一億歐元（約新臺幣 34.7 億元）。由此可見，柯金酒莊身為加州膜拜酒之地位。

瑪雅

MAYA

市價行情

約 **1.4** 萬元

主要品種

**卡本內·蘇維濃、
卡本內·弗朗**

好年分

1990,91,92,93,94,95,
96,97,99,2001,02,05,
07,08,09,10,12,13,14,
15,16

達拉·瓦勒夫人其實是日本
人。瑪雅（Maya）便是取自
愛女的閨名。

瑪雅──資歷淺，卻贏得派克四次滿點評價

　　達拉‧瓦勒（Dalla Valle）是一對義大利夫妻於 1986 年移居美國時，在加州設立的酒莊。

　　莊主古斯塔夫‧達拉‧瓦勒（Gustav Dalla Valle）原先在義大利以經營葡萄酒起家。移居美國之後，便與直子（Naoko）夫人另起爐灶，打造適合當地風土條件的酒莊。1988 年，推出長期熟成型的「瑪雅」。不凡的風格甫一推出便獲得不少酒評家的讚譽。

　　這款新作品透過卡本內‧蘇維濃與卡本內‧弗朗的交織，凝鍊中飄發黑醋栗與花草醇香。連羅伯特‧派克也讚不絕口，直誇：「簡直是巨星降臨。」甚至對瑪雅青睞有加，給過四次百分滿點的評價。

　　最令人驚訝的是，瑪雅雖然資歷尚淺，但 1992 年產竟一舉贏得派克採點的百分滿點。話說 1992 年，納帕谷很少有酒莊得到滿點評價。然而，瑪雅的表現卻完美到無可挑剔，名正言順的取得滿分。推出時的售價僅僅 20 美元（約新臺幣 600 元），三年便翻三倍。截至現今，價格已攀升至 30 倍以上。

　　1995 年，古斯塔夫離世以後，便聘請嘯鷹酒莊的釀酒大師安迪‧艾瑞克森（Andy Erickson），與頂尖葡萄酒顧問米歇爾‧羅蘭坐鎮。在兩位大師的操刀下，進一步展現瑪雅獨特的深度與凝鍊感。而直子夫人則繼任莊主，負責營運事宜。

　　瑪雅剛推出時，僅量產 200 箱。不過，即使深受好評，現在的產量仍維持 500 箱（6,000 瓶）左右。因此，名列膜拜酒搶手貨之一。

施拉德酒莊，貝克史托夫·托卡龍園 CCS

SCHRADER CELLARS BECKSTOFFER TO KALON VYD CCS

市價行情

約 **1.4** 萬元

主要品種

卡本內·蘇維濃

好年分

2002,03,04,05,06,07,
08,09,10,12,13,14,15,
16

OTHER WINE

噴火龍

OLD SPARKY

約 **1.9** 萬元

「噴火龍」取自於莊主弗雷德·施
拉德（Fred Schrader）的暱稱。該
酒款僅生產兩個標準瓶（1500ml），
而且僅選擇貝克史托夫·托卡龍園
的葡萄。

Cabernet Sauvignon　Napa Valley

Schrader

— CCS —

2004

Beckstoffer Vineyards

14.5% ALCOHOL BY VOLUME

▌施拉德酒莊──投資家砸重金，只為求一瓶

在 2017 年，坊間有一傳言：美國葡萄酒界巨頭星座集團（Constellation Brands），預計以 6,000 萬美元（約新臺幣 18.6 億元），併購納帕谷的施拉德酒莊（Schrader Cellars）。

施拉德酒莊設立於 1998 年，雖然資歷尚淺，但因為派克採點的百分加持，而在業界闖出聲名（截至 2019 年，計有 19 個酒款獲得百分評比。辛卡農酒莊〔Sine Qua Non〕則以 22 種酒款，名列第一）。

施拉德其實沒有自己的葡萄園與酒莊，而是透過農戶的契作（按：即契約式耕作），與租借小型釀酒廠生產。施拉德共有九種酒款，其中五種來自納帕谷的頂級葡萄園貝克史托夫・托卡龍（Beckstoffer To Kalon）。對所有納帕谷的釀酒業者而言，能從托卡龍園拿到這麼大的出貨量，簡直是求之不得的夢想。

該酒莊的產量極少，所有酒款加起來，年產量也不過 2,500 箱到 4,000 箱。再加上銷售對象以郵購名單為主，市面上幾乎鮮少流通。因此，只要拍賣會上一推出，必定成為爭相搶購的熱門拍品。

2016 年，該酒莊曾委辦一場「施拉德珍藏拍賣會」。當時，因為粉絲熱情捧場，讓出價節節升高，最後以天價成交。據聞之所以有這場拍賣會，也是鎖定施拉德的郵寄名單。因為，榜上有名的全是財力雄厚，精於此道的投資家。

開木斯酒莊，特選紅酒

CAYMUS VINEYARDS SPECIAL SELECTION

市價行情

約 **5,500** 元

主要品種
卡本內·蘇維濃

好年分
1975,76,78,94,2001,
02,03,05,10,11,12

CAYMUS VINEYARDS

Special Selection
NAPA VALLEY
CABERNET SAUVIGNON

ALCOHOL 13.0% BY VOLUME

1991

Varietal: 100% Cabernet Sauvignon	Vineyard Surface Area: 14
Terrain: Sloping Flats	Soil: Gravelly Loam
Time in Barrel: Thirty Months	Winemaker: Chuck Wagner

CAYMUS VINEYARDS

Special Selection
NAPA VALLEY
CABERNET SAUVIGNON

ALCOHOL 13.0% BY VOLUME

1991

Varietal: 100% Cabernet Sauvignon	Vineyard Surface Area: 14 Acres
Terrain: Sloping Flats	Soil: Gravelly Loam
Time in Barrel: Thirty Months	Winemaker: Chuck Wagner

CAYMUS VINEYARDS

Special Selection
NAPA VALLEY
CABERNET SAUVIGNON

ALCOHOL 13.0% BY VOLUME

1992

...al: 100% Cabernet Sauvignon	Vineyard Surface Area: 14 Acres
Terrain: Sloping Flats	Soil: Gravelly Loam
...Barrel: Twenty-Nine Months	Winemaker: Chuck Wagner

開木斯：唯一兩次登年度百大佳釀冠軍的酒莊

曾被《葡萄酒評鑑家》譽為「卡本內・蘇維濃御用」的開木斯酒莊（Caymus Vineyards，俗稱開木斯），出產的紅酒與波爾多迥然不同，充分展現納帕谷的風格。該酒莊出產的紅酒甚至有「納帕極品卡本內」之稱。

開木斯釀造的標準紅酒「開木斯酒莊的卡本內・蘇維濃」（右下圖）自 1972 年推出以來，《葡萄酒評鑑家》給予的評比從未低於 90 分，始終維持出類拔萃的品質。

特選紅酒（Special Selection）是開木斯的頂級葡萄酒。這款紅酒只挑選收成佳的年分精心釀造，自從 1975 年推出以來，便獲得各界的一致好評。其中，又以 1976 年產名聲最高，甚至常與白馬酒莊 1947 年產的傳奇酒款，或彼得綠堡相提並論。

除此之外，開木斯更在《葡萄酒評鑑家》每年發表的「年度百大佳釀」中搶得龍頭，而且還是打破歷史紀錄，唯一兩次坐上冠軍寶座的酒莊。

開木斯紅酒的最大特色是單寧酸成熟，口感如鵝絨般滑順柔暢。這是開木斯透過所謂的「掛枝時間」（Hang time），延長葡萄的生長時程，最後一刻才進行採收，以提高葡萄的糖分與醇香的獨門絕技，因此才能釀造出如此獨特的風味。

開木斯酒莊的卡本內・蘇維濃
CAYMUS VINEYARDS
CABERNET SAUVIGNON

約 2,500 元

多明納斯

DOMINUS

市價行情
約8,000元

主要品種
**卡本內‧蘇維濃、小維多、
卡本內‧弗朗**

好年分
1987,90,91,92,94,96,
2001,02,03,04,05,06,
07,08,09,10,12,13,14,
15,16

SECOND WINE

納帕努克
NAPANOOK

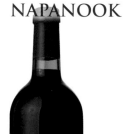

約 **2,200** 元

與多明納斯同一葡萄園，精選專屬
葡萄所推出的二軍品牌。

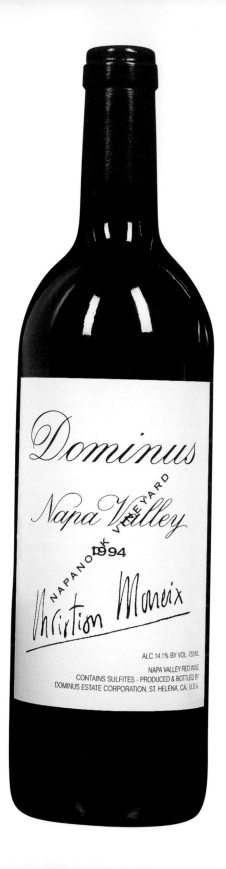

釀酒大師莫伊克，繼第一樂章後再度推出佳釀

　　我想只要是葡萄酒迷，一眼看到多明納斯（Dominus）酒標上的簽名，應該都會猜到，這款紅酒是由大師──克里斯蒂安・莫伊克（Christian Moueix）的大作。他負責釀造與營運位在波爾多右岸、價高不菲聞名的彼得綠堡。

　　事實上，莫伊克的釀酒技術並不是在法國練成，而是美國加州大學戴維斯（Davis）分校學習。他還是學生時，在一次參訪納楊特維爾（Yountville）的機會下，嗅出當地的潛力，且對這片土地念念不忘。於是，他在畢業之後，在 1981 年踏上尋夢之旅。

　　幾經尋覓，終於讓他看上納帕谷的一塊好山好水──納帕努克（Napanook）。然而，該地當時屬於鸚哥酒莊（Inglenook）的產業，於是莫伊克便提議創投合作，設立多明納斯酒莊（Dominus Estate，1995 年歸莫伊克獨有）。多明納斯為拉丁語「上帝莊園」之意，自此開啟莫伊克人生的另一挑戰。

　　繼第一樂章在納帕谷功成名就，法國葡萄酒大師再度在納帕的開疆闢土，立即成為熱門聞話題與眾所矚目的焦點。多明納斯 1983 年推出的首釀年分酒，共 2,100 箱，當時售價僅 45 美元（約新臺幣 1,300 元）。一推出便立即秒殺。及至 2017 年，同樣年分的葡萄酒在拍賣會上，以 12 瓶裝 8.3 萬元的高價成交。

　　自 2001 年以來，多明納斯的品質更是精益求精，除了納帕谷在 2011 年，因天氣因素，釀出來的葡萄酒差強人意。除此之外的年分酒，均在各大評比中，博得高分與佳評。

布萊恩特家族酒莊

BRYANT FAMILY VINEYARD

市價行情

約 **1.9** 萬元

主要品種

卡本內·蘇維濃

好年分

1993,94,95,96,97,99,
2000,04,10,12

膜拜酒酒精濃度大多不
低，而且風味醇厚。然
而，恩特家族的葡萄酒卻
在強勁有力中，帶出柔順
細緻的口感。搭配美食享
用更是相得益彰。

布萊恩特家族，毀譽參半的釀酒之路

　　普里查德山丘（Pritchard Hill），有葡萄酒產地的世外桃源之稱。其中，最令世人津津樂道的，莫過於未曾申請 AVA 制度（按：美國葡萄酒產地制度，American Viticulture Area，即政府認證葡萄園）。即便缺乏官方加持，這塊風水寶地仍孕育出不少高級葡萄酒。普里查德山丘的卡本內·蘇維兼具細緻與強勁的特性，因此吸引不少膜拜酒的釀酒廠來此進駐。

　　連美國鼎鼎大名的王牌律師唐·布萊恩特（DON BRYANT）也在半退休後，選擇在普里查德買下一大片土地。同時，禮聘頂尖釀酒廠與農地經理（負責管理葡萄園），大張旗鼓的打造布萊恩特家族酒莊。

　　布萊恩特家族首釀年分酒推出後的第二年，也就是 1993年，便獲得派克採點 97 分的佳評，原本一瓶 35 元美金（約新臺幣 1,000 元）的葡萄酒一下子水漲船高。目前的售價已攀升至500 美元（約新臺幣 1.5 萬元）。兩個標準瓶尺寸，則要價 2,000美元（約新臺幣 5.9 萬元）。另外，像是榮獲百分滿點的 1997年產，則一瓶高達 1,200 美元（約新臺幣 3.5 萬元）。

　　就在布萊恩特家族的行情勢如破竹時，該酒莊在加州難得風調雨順的 2001 年，推出的作品卻惡評如潮，名聲因此一落千丈。此外，2002 年因解聘招牌釀酒師海倫·特利（Helen Turley）而鬧上法庭，成為街頭巷議的醜聞。

　　後來，布萊恩特家族雖然嘗試各種努力，如重金禮聘嘯鷹酒莊的釀酒師，試圖力挽狂瀾。可惜卻再也無法重回往日榮景。所幸最近逐漸恢復原有水準，相信將來可望回歸高級葡萄酒之列。

蒙特萊那酒莊，夏多內

CHATEAU MONTELENA CHARDONNAY

市價行情

約 **1,700** 元

主要品種

夏多內

好年分

1973,88,2001,03,10,11

OTHER WINE

蒙特萊那酒莊
卡本內·蘇維濃

CHATEAU MONTELENA CABERNET SAUVIGNON

約 **1,700** 元

蒙特萊那酒莊雖然以夏多內白酒
聞名，事實上紅酒也多有佳作。

※ 圖中為四個標準瓶（3,000ml）之尺寸

蒙特萊那：法國大師也臣服的加州葡萄酒

1976 年，蒙特萊那酒莊（Château Montelena）在國際間一夕爆紅。這都要歸功於電影《巴黎審判》（*The Judgement of Paris*）。在加州與法國葡萄酒盲飲對決中，蒙特萊那獲得評審員一致好評，成功擊敗法國釀酒大師，而榮登白酒的冠軍。

事實上，外界並不看好這次的對決。因為評審員清一色是法國葡萄酒界的代表，沒想到結果卻讓眾人跌破眼鏡，竟是加州葡萄酒的完勝。及至現今，蒙特萊那酒莊內仍然展示《時代》雜誌的報導，與 1973 年產的勝利之作酒瓶以茲紀念。

1882 年，在納帕谷北邊起家的蒙特萊那，也曾經歷加州葡萄酒的黃金時期。然而，好景不常，因為禁酒令的影響，一度瀕臨破產。後來，多虧律師出身的詹姆士·巴雷特（James L. Barrett）於 1972 年出手收購，才又起死回生、光榮回歸。

巴雷特雖對釀酒一竅不通，卻深諳借力使力的道理，便將營運業務全權委由知名釀酒廠負責。於是在重整旗鼓後的第二年，也就是 1973 年推出的夏多內，竟然一舉贏得巴黎審判的冠軍寶座。據聞因為《時代》雜誌的搶先揭露，讓詢問的電話響個不停。

巴黎審判白酒排行榜
第一名　　蒙特萊那酒莊（美國）
第二名　　胡洛酒莊，梅索·夏姆園（Roulot Meursault Charmes，法國）
第三名　　夏隆酒莊（Château Chalon，美國）
第四名　　春之嶺酒莊（Spring Mountain Vineyard，美國）
第五名　　約瑟夫·杜亨酒莊，伯恩丘慕須一級園（法國）
第六名　　菲瑪修道院酒莊（Freemark Abbey Winery，美國）
第七名　　巴達·蒙哈榭園，蒙哈內·普魯東酒莊（法國）
第八名　　普里尼·蒙哈榭園，樂弗雷酒莊，普賽勒白酒（法國）
第九名　　維德克萊斯特酒莊（Veedercrest Vineyards，美國）
第十名　　戴維·布魯斯酒莊（David Bruce Winery，美國）

奇斯勒酒莊，凱薩琳特釀

KISTLER VINEYARDS CUVEE CATHERINE

市價行情

約 **5,600** 元

主要品種

黑皮諾

好年分

1993,95,96,97,98,99,
2000,02,03,04,05,06,
07,09

OTHER WINE

奇斯勒酒莊
凱撒琳特釀

KISTLER VINEYARDS CUVEE CATHLEEN

約 **5,600** 元

奇斯勒酒莊生產的夏多內白酒。酒
標上的「Cuvée Cathleen」拼字不同
於紅酒，以做區分。

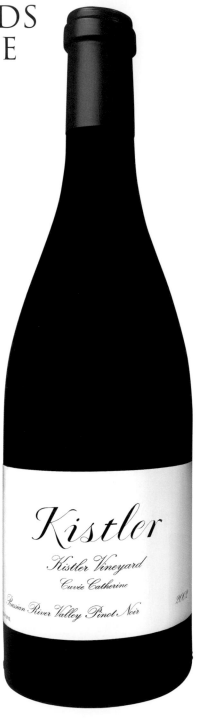

奇斯勒──名校高材生的傑作

奇斯勒酒莊（Kistler Vineyards）在 1978 年於索諾瑪設立，是創辦人美國史丹福大學（Leland Stanford Junior University）以及麻省理工學院（Massachusetts Institute of Technology，簡稱 MIT）的高材生，史蒂芬・奇斯勒（Steve Kistler）跟馬克・比克斯勒（Mark Bixler）。

奇斯勒嚴格貫徹布根地傳統的釀酒方法，比照當地知名酒廠，重視各個單一園的特性，釀造不同的萄酒。除此之外，將產量控制在一萬到兩萬瓶，或酒標貼附產品序號等細節，打動收藏家的芳心。

其中，最為珍貴的當屬用 100％黑皮諾釀造凱薩琳特釀（Cuvée Catherine）與伊莉莎白特釀（Cuvée Elizabeth）。甚至連羅伯特・派克也稱讚：「奇斯勒的黑皮諾，讓人想起 DRC 的大埃雪索園（Grands Echezeaux，見 35 頁左下圖）。」這兩款紅酒年產 150 箱，可遇不可求，被視為稀罕的極品佳釀。

此外，奇斯勒又有「加州夏多內之王」的美譽。該酒莊生產的夏多內，雖然不似加州白酒般醇香濃郁，卻展現出布根地一級酒莊特有的酸度與礦物質風味。

這個令人回味無窮的酸度，被稱為奇斯勒神奇（Kistler Magic）。連羅伯特・派克也讚道：「奇斯勒如果搬去金丘（Cote d'Or），其榮耀與名聲絕對不輸布根地任何一級酒莊。」

辛卡儂，黑桃皇后

SINE QUA NON
QUEEN OF SPADES

市價行情
約 **18.6** 萬元

主要品種
希哈茲

好年分

酒標由兼具藝術家身
分的莊主曼弗雷德·
克蘭克爾（Manfred
Krankl）親自設計。

辛卡儂——酒款永不重複

葡萄酒界有一個花樣百出、獨樹一格的酒莊——辛卡儂（Sine Qua Non）。他們喜歡推陳出新，每年推出的葡萄酒必定有些許變化，例如改變混釀比例、葡萄酒名、酒標設計、酒瓶形狀等。辛卡儂除了有自家葡萄園，還從其他農家進貨，因此每批葡萄酒絕不相同。

這個特殊的理由，讓辛卡儂的葡萄酒冠上各種個性獨具的名稱，如黑桃皇后（Queen of Spades）、K 先生（Mr.K）或歪七扭八（Twisted & Bent）等。

辛卡儂雖然特立獨行，但實力卻是有口皆碑。事實上，他們共有 22 款葡萄酒獲得派克採點的滿級分，創下史上最高紀錄。這家位於加州范杜拉（Ventura）工業區內的小酒廠，竟然有能力生產這麼多價格不菲的葡萄酒，羅伯特·派克對此感到非常訝異，他說：「我還以為是《駭客任務》（The Matrix）的拍攝片場呢。」1994 年產的首釀年分酒黑桃皇后，當時售價 31 美元（約新臺幣 900 元），現在已飆至一瓶 6,000 美元以上（約新臺幣 17.6 萬元）。

即使在 2014 年的拍賣會上，辛卡儂當時締造的天價，也讓世人跌破眼鏡。因為一瓶紅心皇后（Queen of Hearts）的粉紅酒，竟然以 4 萬 2,780 美元成交（約新臺幣 125.6 萬元）。

這個價格直逼法國名門的 DRC 陳年佳釀。紅心皇后產量僅有產 300 瓶，因此更顯珍貴。不過話說回來，即使物以稀為貴，能夠創造出這個天價，也實在讓人嘆為觀止。

辛卡儂只開放郵寄名單訂購。排隊候補的粉絲至少需要等上九年，才有機會一親芳澤。

第九章

葡萄酒新興國

雖然世人認為澳大利亞、智利與西班牙等國家生產的葡萄酒物美價廉。事實上，他們不乏國際間風評極高，價格不菲的佳釀。

　　除此之外，近年來連南非或中國等過去未曾與葡萄酒畫上等號的國家，也陸續推出高級葡萄酒，而成為熱門話題。接下來，讓我們針對這些地域，探訪嶄露頭角的新銳酒款。

葛蘭許，奔富

GRANGE PENFOLDS

市價行情

約 **1.7** 萬元

主要品種

希哈、卡本內·蘇維濃

好年分

1962,63,71,76,81,82,
86,98,2002,04,05,06,
08,09,10,12,13,14

OTHER WINE

紅酒實驗款

RWT

約 **4,200** 元

紅酒試驗款，或者稱為 RWT（Red Winemaking Trail）不同於葛蘭許的混釀酒款，單選希哈釀造。RWT 原為 1995 年實驗性質的「單一區域葡萄酒專案」。自 2000 年推出以來，佳評如潮，便持續生產至今。

234

奔富酒莊：葡萄酒最初醫用，後成極品收藏

提起澳大利亞最頂尖的釀酒廠，莫過於君臨天下的奔富酒莊（Penfolds）。這是一位從英國移民至澳洲的醫師，1844 年在南澳州（South Australia）成立的酒廠。釀造的葡萄酒原本僅供醫療之用，但不知不覺間、卻在世界各地的葡萄酒愛好家中打出名號。

奔富的作品中，又以葛蘭許（Grange）因獨特的釀混技術而廣受歡迎。葛蘭許以希哈為主，再加上百分之幾的卡本內‧蘇維濃作為藥引，讓兩者發揮相乘效果。對於法國來說，隆河區品種的希哈與波爾多品種的卡本內‧蘇維濃結合，是一大禁忌。但幸運的是，在葡萄酒的新世界裡沒有這麼多規矩，於是奔富可以天馬行空的嘗試各種品種搭配，打造出前所未有的葡萄酒。

即使是原本只接受波爾多品種混釀（Bordeaux Blend）的英國人，對葛蘭許也毫不抗拒，此外，葛蘭許在美國跟中國市場也很受歡迎。

有葛蘭許最佳傑作之稱的 1953 年分僅量產 260 箱，市面上幾乎不見流通，堪稱極品中的極品。截至目前，最高售價一瓶約 2.69 萬澳幣（約新臺幣 57.2 萬元）。

話說回來，我曾在杜拜機場的葡萄酒專賣店「Le Clos」看過葛蘭許。當時，一套 61 瓶裝標價 66 萬美元（約新臺幣 1,941 萬元）。價格之所以如此讓人咋舌，是因為其中包含超級稀世的 1951 年產首釀年分酒、傳奇的 1953 年產，以及稀世珍品的 1957 年、1958 年與 1959 年產等各種代表酒款。

克里斯·林蘭，巴羅莎山脈希哈干紅

CHRIS RINGLAND SHIRAZ DRY GROWN BAROSSA RANGES

市價行情

約 **2.2** 萬元

主要品種

希哈

好年分

1993,94,95,96,97,98,
99,2000,01,02,03,04,
05,06,07,08,09,10,13

酒標上明白標示年
產量與產品序號。

▌ 克里斯・林蘭——產量太少而無法獲得滿點評分

　　葡萄酒搜尋網是全球最大葡萄酒搜尋網站，於 2016 年發表的「澳洲十大佳釀風雲榜」中，由克里斯・林蘭酒莊（Chris Ringland）的巴羅莎山脈希哈干紅（Dry Grown Barossa Ranges Shiraz，三河園〔Three Rivers〕前身），擠下奔富酒莊，奪得龍頭寶座。

　　克里斯・林蘭既是莊主也釀酒師。其實，他在紐西蘭時，便因釀酒天賦而聲名遠播。1989 年，他遠赴澳洲自立門戶，首釀年分酒（1993 年）就是巴羅莎山脈希哈干紅。而且，初試啼聲便勇奪羅伯特・派克 99 分的好評，於是一夕之間名聞千里。

　　派克曾經解釋：「這款紅酒之所以未能百分滿點，是因為產量過少，僅僅 50 箱的緣故。」不過，他也不吝稱讚：「它的酒香完全不輸 1947 年產的白馬酒莊。」

　　之後，克里斯・林蘭分別於 1998 年、2001 年、2002 年以及 2004 年，連續獲得派克採點百分滿點，自此晉升頂級葡萄酒的行列。酒評家一致推崇：「克里斯・林蘭的水準絕對不輸法國隆河區的老字號，或加州辛卡儂等其他專門釀造希哈的酒莊」。

　　另外，該酒莊自推出首釀年分酒以來，便堅守產量控管。物以稀為貴的營運方針，讓他們贏得「澳洲膜拜酒」之稱。及至現今，年產量仍控制在 1,300 瓶左右。再加上以澳洲本土或美國市場為主，即使在拍賣會中也極其罕見，堪稱珍品中的珍品。

愛戀嘉年華，左撇子

CARNIVAL OF LOVE
MOLLYDOOKER

市價行情
約 2,500 元

主要品種
希哈

好年分
2005,06,07,10,12

「左撇子」夫妻設立的左撇子酒莊

　　左撇子酒莊（Mollydooker）是莎拉與史帕奇·馬爾奇斯（Sarah & Sparky Marquis）夫妻，在看好葡萄酒市場的情況下，用 1,000 美元（約新臺幣 2.9 萬元）的微薄資金成立的小酒廠。

　　然而，他們準備的資金沒多久便見底。聽說走頭無路時，幸好遇到一位天使投資人（按：指新創公司在創立初期，開始投資的投資者）對他們倆的葡萄酒極其中意，於是給了一張 30 萬美元（約新臺幣 882 萬元）的支票，才讓他們支撐下去。

　　不過，馬爾奇斯夫婦也不負眾望。因為 2005 年首釀的愛戀嘉年華（Carnival of Love），一推出便獲得羅伯特·派克讚譽，甚至在評價風味時，他俏皮的形容：「濃郁又充滿魅力，連潘蜜拉·安德森（Pamela Denise Anderson，雜誌《花花公子》模特兒）都要眼紅了。」

　　除此之外，愛戀嘉年華也成為各大媒體爭相報導的寵兒。甚至在 2006 年與 2007 年的《葡萄酒鑑賞家》年度百大佳釀中，連續兩年擠進前十大。2014 年更是高居第二名。

　　話說回來，「Mollydooker」這個罕見的名詞，其實就是澳洲人口中的「左撇子」。因為馬爾奇斯夫婦習慣用左手做事，於是酒莊便以此命名。

　　人們對於左撇子的印象，大多是洋溢藝術天賦。而該酒莊也確實如此，除了葡萄酒的品質以外，親和力十足的普普風酒標，或風格獨具的酒名等新奇創意，也博得不少人氣。

　　最重要的是，左撇子酒莊擁有膜拜酒的實力，卻貴而不貴。因此，深受美國粉絲的好評，同時在亞洲市場也逐漸拓展。

平古斯酒莊

DOMINIO DE PINGUS

市價行情

約 **2.8** 萬元

主要品種

天普蘭尼洛

好年分

1996,99,2000,04,05,
06,07,08,09,10,12,13,
14,15,16

SECOND WINE

平古斯之花

FLOR DE PINGUS

約 **3,000** 元

精選 35 年以上樹齡的天普蘭尼洛。
年產 4,000 箱，屬於量少質精的二
軍品牌

平古斯的首釀酒，因謎團而價格翻倍

　　平古斯酒莊（Dominio de Poingus）成立於 1995 年，平古斯首釀年分酒一推出，便奪下派克採點的滿級分，堪稱西班牙葡萄酒的明日之星。

　　首釀年分酒產於 1995 年，雖然僅有 3,900 瓶，卻獲得羅伯特·派克讚賞：「這絕對是我喝過的紅酒中，最振奮人心的年輕酒款。」平古斯因此華麗登場葡萄酒界。稀少產量、經酒評大師的加持，讓平古斯的價格翻倍，瞬間成為西班牙的膜拜酒。在媒體爭相報導下，一夕之間麻雀變鳳凰。

　　平古斯的價格之所以一飛衝天，其實還有一個小插曲。話說 1997 年，一艘滿載平古斯紅酒的貨船，正從西班牙開往美國，沒想到卻在亞述群島（The Azores）附近的海岸消失無蹤。船上裝載的 75 箱首釀年分酒也隨之石沉大海。

　　這起意外雖然至今原因不明，卻讓原本產量不多的首釀年分酒，因此損失 20％。導致平古斯的價格，由原先出貨的 200 美元（約新臺幣 5,900 元）一下子飆至 495 美元（約新臺幣 1.5 萬元）。目前的價格更是居高不下。2013 年蘇富比的成交價已高達一瓶 1,500 美元（約新臺幣 4.4 萬元）。

　　平古斯酒莊之所以有如此行情，產量稀少並非主因。更重要的是，嚴格管控品質。特別是 2000 年以後，特意降低每公頃的收成，以提高葡萄的品質，將年產量控制在 500 箱左右。凡是不符合平古斯標準的年分均停止釀酒。除此之外，2003 年起透過自然動力農法，讓品質精益求精，吸引更多酒迷關注，讓原本量少的紅酒越加搶手。

尤尼科，維格·西西莉亞
UNICO
VEGA SICILIA

市價行情
約 **1.3** 萬元

主要品種
天普蘭尼洛、
卡本內·蘇維濃

好年分
1962,64,65,66,67,70,
75,81,82,87,90,91,94,
95,96,98,2002,04,05,
06,08,09

OTHER WINE

瓦布娜五年精釀
VALBUENA 5ANO

約 **4,200** 元

維格·西西莉亞的標準酒款。「5
ANO= 五年」，即五年熟成之意。

242

維格・西西莉亞酒莊：西班牙葡萄酒的象徵

　　維格・西西莉亞酒莊（Vega Sicilia），自從在 1929 年巴塞隆納萬國博覽會一舉拿下金牌獎以後，便搖身一變成為西班牙葡萄酒的象徵。該酒莊的一大特色便是在獨門絕技下，將西班牙的代表品種天普蘭尼洛（Tempranillo）與波爾多的卡本內・蘇維濃、梅洛、馬爾貝克等三種外國品種混合的天衣無縫。

　　西西莉亞的代表作，首推奠定西班牙葡萄酒龍頭地位的尤尼柯（Unico）。

　　尤尼科的混釀比例，除了依年分釀造之外，釀造方法也配合葡萄的性質調整。熟成期間更是時不時更換橡木桶，挑選橡木桶時，會考慮用法國製還是美國製、新與舊，甚且尺寸大小等。透過繁複的移桶作業，才能釀造出圓潤且層次分明的佳釀。西西莉亞的尤尼柯葡萄酒均在橡木桶待 17 年，再經過瓶裡的三年熟成才能上市。

　　例如，被譽為傳奇的 1964 年產，就是歷經 12 年歲月的珍釀。首先須在大桶待兩年，再移到小桶待上兩年，最後歷經舊桶七年與酒瓶的熟成後，才能在 1976 年隆重上市。

　　葡萄酒專家麥可・布羅德本特，每年都會試喝這款 1964 年產的佳釀，同時記錄其中變化。雖然酒中的單寧酸經過 12 年的淬鍊，不過麥可卻表示：「我相信隨著時光流逝，它必能如花朵般逐漸盛開綻放。」這款 1964 年的佳釀，推出時不過新臺幣 600 元，沒想到，之後卻在拍賣會創下一瓶 1,800 美元（約新臺幣 5.3 萬元）的紀錄。

愛馬維瑪
ALMAVIVA

市價行情

約 **4,500** 元

主要品種

**卡本內·蘇維濃、卡門內、
卡本內·弗朗、小維多**

好年分

1997,2002,05,07,11,
12,13,14,15,16

SECOND WINE

愛普
EPU

約 **2,200** 元

「Epu」為智利與阿根廷原住民馬
普切（Mapuche）的方言，亦即「第
二」之意。

244

跨國合作，智利的第一樂章——愛馬維瑪

號稱智利葡萄酒之冠的愛馬維瑪（Almaviva），是波爾多一級酒莊木桐與智利首屈一指的孔雀酒莊（Concha y Toro），於1996年的創投合作。

事實上，這也是木桐酒莊繼美國第一樂章的成功經驗後，透過融合新、舊世界，在智利推出的新作。愛馬維瑪又被稱為「智利的第一樂章」，在未推出前，便廣受各界期待，引發熱烈討論。

愛馬維瑪的釀酒製程，由擅長波爾多品種的木桐酒莊負責，1996年產的首釀年分在各方面都獲得極高的評價，而華麗登場。

2017年，在知名酒評家詹姆士·薩科林（James Suckling）遴選的年度百大佳釀中，2015年產的愛馬維瑪取得百分滿點的評比，成功獨占鰲頭。這可是酒評大師在1.7萬種葡萄酒中，經由盲飲票選出來的結果，愛馬維瑪也因此備受矚目。

話說回來，愛馬維瑪的由來，其實出自法國劇作家博馬舍（Beaumarchais）的歌劇大作——《費加洛婚禮》（*Le Nozze di Figaro*）中的伯爵。

酒標上的紅色圓形圖案則是智利原住民，馬普切族在傳統祭典中常用的大鼓，以示對於當地歷史的尊崇。

維拉楓提，M系列

VILAFONTÉ SERIES M

市價行情

約 **1,700**元

主要品種

梅洛、馬爾貝克、
卡本內·蘇維濃

好年分

2007,09,11,13,14

南非的崛起之星

南非的風土條件因為適合栽種葡萄，自古以來便備受矚目。當地的釀酒產業起始於 17 世紀，之後產量每年遞增。根據 2015 年資料顯示，南非如今年產量，排名全球第八。

不可諱言的，過去南非或多或少在「土地寬闊、勞工便宜、檔次不高」的陰影下，而與高級葡萄酒無緣。

然而，近年來經過種種努力，終於在高級葡萄酒市場開花結果。而幕後的功臣便是維拉楓提（Vilafonté）酒莊。

2018 年，佳士得在香港的一場拍賣會中，六瓶裝 2007 年產的維拉楓提 M 系列（Vilafonté Series M），原先估價 3,000 元港幣（約新臺幣 1.1 萬元）。沒想到出價遠遠超過預期，最後竟以 1 萬 3,475 元港幣（約新臺幣 5.1 萬元）成交。就在拍賣官敲下小木槌的瞬間，南非終於孕育出屬於當地的高級葡萄酒。這個消息瞬間傳遍全世界。

維拉楓提是南非與美國於 1996 年合作的創投事業。成立之初便聘請各界高手加入團隊。如曾榮登知名葡萄酒雜誌「全球三十大釀酒師」的美籍女性大師，或第一樂章酒莊的農耕高管等，在南非開疆闢土。

除此之外，維拉楓提的葡萄園風土條件極其適合種植梅洛、馬爾貝克等波爾多品種。特殊的砂礫黏土地質，有利於樹根在土壤下茁壯成長。當地種植的葡萄在充分吸收養分下，展現波爾多所不能的豐潤與香醇，因此廣受各界好評。

敖雲
AO YUN

市價行情
約8,600元

主要品種
**卡本內‧蘇維濃、
卡本內‧弗朗**

好年分
2013

敖雲為「翱翔
天空」之意。
目前年產量約
2,000箱。

中國第一家高級酒莊——敖雲

2006 年，坊間流傳 LVHM 集團旗下的酩悅·軒尼詩（Moët Hennessy），有意在中國的喜馬拉雅山，尋找適合波爾多紅酒的山坡地。

然而，中國雖是高級葡萄酒的主要市場，但要說到釀造，就被實際面侷限。因此，即使小道消息不斷，卻從未引起輿論關注。沒想到幾年後，酩悅·軒尼詩竟然於 2012 年發布新聞稿，對外宣稱在「喜馬拉雅山找到世外桃源」。

該公司在雲南深山的四個小村莊，覓得適合種植葡萄的風水寶地。同時，在這塊海拔 2,200 公尺到 2,600 公尺不等的高山上，興建中國第一家專門生產高級葡萄酒的酒莊敖雲（Ao Yun）。消息發布後，隨即於 2012 年著手種植卡本內·蘇維濃。據聞因為高山地區氧氣稀薄，工人在耕種或採收的時候，還須配戴氧氣口罩才有辦法作業。

敖雲的總監由波爾多二級莊園戴斯圖內爾的前莊主，布魯諾·普拉特（Bruno Prats）擔綱。

當地的葡萄園因有喜馬拉雅山脈遮擋，日晒時間每日不超過四小時。相較於波爾多平均收成期 120 天，喜瑪拉雅山的葡萄則要 160 天。普拉特曾形容：「這就好比小火慢燉般，做出來的料理更加濃縮入味。」事實上，當地的葡萄因缺乏陽光的過度照晒，因此在緩慢的熟成過程中，間接降低單寧酸的刺激性。

特殊的地理環境讓敖雲釀造出中國獨一無二的頂級佳釀。目前除了中國本土以外，美國市場也極受歡迎。

瓏岱酒莊

LONG DAI

市價行情
尚未定價

主要品種
卡本內·蘇維濃、馬瑟蘭、
卡本內·弗朗

好年分
—

由負責打造敖雲的普
拉特擔任總監。2009
年起著手調查適合種
植葡萄的農地，筆數
高達 400 件以上。最
後終於選定一塊廣達
400 公頃的風水寶地。

250

法國名門酒莊在中國的神聖傑作 —— 瓏岱

正當中國的高級葡萄酒市場，因為敖雲的誕生而沸騰的時候，2019 年又傳出另一款葡萄酒即將問世的消息。這款高級佳釀就是瓏岱（Long Dai）。瓏岱是梅多克一級的拉菲酒莊在中國東北山東省的丘山腳下，全新打造的葡萄酒。

之所以取名為瓏岱，聽說源自泰山在山東的神聖地位，同時展現「平衡自然環境的悉心耕耘」。

瓏岱甫一推出，各大媒體便以「LVMH 與拉菲的世紀大對決，敖雲與瓏岱的龍頭爭奪戰」等標題，爭相報導。

即便如此，瓏岱與敖雲的行銷策略卻完全不同。例如敖雲鎖定海外市場，因此三分之二的產量供出口之用。相反的，瓏岱卻是集中火力，固守中國本土。因此，將產量中的 1,100 箱到 1,800 箱留給中國市場，海外市場則釋出 200 箱左右。

2017 年的首釀年分酒原本預計於 2018 年上市。但為了展現單寧酸的高雅與細緻，便將時程延至 2019 年下半。因此，截至目前為止瓏岱出產的葡萄酒尚不知訂價。

除此之外，該酒莊為了防止出口轉內銷的不法行徑，發布遏止假冒的多項對策。例如內建 NFC（近距離無線通訊，Near-field communication）追蹤技術，透過手機掃描便能輕鬆辨識真假；特殊的酒標與產品序號等全方位因應對策。

尾聲

葡萄酒具有
讓人一擲千金的魅力

　　我在 2018 年推出《商業人士必備的紅酒素養》（按：日本由鑽石社於 2018 年出版，繁體中文版則在 2019 年由大是文化出版）以後，收到不少讀者的鼓勵。例如「多虧有這本書，讓我開始對葡萄酒產生興趣」，或者「期待下一部作品出版」等。

　　身為葡萄酒界的一分子，收到過去毫不關心或從未接觸葡萄酒的讀者的鼓勵，非常振奮人心。

　　甚至有讀者留言：「沒想到葡萄酒能刺激感官，我試著喝之後，各種點子源源不斷，沒想到對工作有如此幫助。」葡萄酒的確能讓人體的感官（視覺、嗅覺與味覺）發揮極限。或許這位讀者因此喚醒平時沉睡的感官，於是才萌生創意。

　　事實上，不少國家的冥想或正念療法（mindfulness）課程，逐漸將葡萄酒帶入療程，同時獲得廣大迴響。我也因此而重新體會葡萄酒的不同風貌。

　　本書可以說是前作的續篇。而我動筆的目的，是希望讀者在具備葡萄酒的基本知識以後，透過各個基本酒款，能更進一步體會葡萄酒的箇中三昧，了解「高級葡萄酒＝頂尖葡萄酒」。

　　我之所以踏入這一行，要從我的第一家公司，也就是紐約

知名的拍賣行佳士得說起。

該公司經手的葡萄酒全是高檔貨，而我的職務是葡萄酒專家（Wine Specialist）。葡萄酒專家的主要職責就是幫拍賣會的拍品估價。換言之，就是決定拍品值多少價錢。

回想當初，我連五大酒莊都搞不太清楚，便一頭栽進這個行業。之後的十年，每天在高級葡萄酒的探尋與試飲中，殫精竭慮的度過。因此，才有機會將自己的所學所聞託付此書，與讀者共享。

葡萄酒雖然單純是取自葡萄釀造的飲品。然而，自古以來卻有一種讓人一擲千金的魅力。及至現今，全球仍有不少葡萄酒迷，樂此不疲的投資或是累積資產。所謂頂級佳釀，古今中外，都有一種讓人如痴如醉的魅力。

我長期以來，在葡萄酒界服務而能感受這股魅力。此外，我身為專門為頂級佳釀估價的葡萄酒專家，且有機會出版此書，實屬榮幸。最後，謹此為本書不吝提供各種珍貴圖片的施式與蘇富比公司致上最深謝忱。

I would like to thank Zachys HK and NY teams and Sotheby's in NY for providing beautiful photos. I appreciate your cooperation.

除此之外，特別感謝高村葡萄專賣店的松誠董事長與該公司同仁，提供諸多照片，與長期以來的鼎力協助。另外，我也非常感謝各大酒莊與日本進口商，提供許多資料。其中，尤以高井啟光先生的不吝指教更是銘感於心。最後，感謝編輯佃下裕貴先生的關照。若沒有他的感性與建議，本書絕無問世的機會；負責前作宣傳與公關的加藤貴惠小姐也是我的恩人。因她的盡心盡力，我的著作才有幸在讀者中廣傳。

內文圖片由以下公司盛情提供

施氏（Zachys）

p.32、35、36、39、40、43、44、46、49、50、52（左下圖）、54、56、64、68、72、76、78、80、88、90（主圖）、96、98（主圖）、100、102、104、106（主圖）、108、112、113、116、119、124、126、128、130、132、134、136（主圖）、138、140、146、147、150（主圖）、151、154、156、158、164、168、170、172（主圖）、178、181（卡瑪康達、歌雅與蕾以外）、182、184、188、194、198、206（主圖）、208（主圖）、210（主圖）、214、218、220、222（主圖）、224、226（左下圖）、230、234（主圖）、242（主圖）

蘇富比（Sotheby's）

p.67、75（上圖）、83、115、136（左下圖）、150（左下圖）、181（卡瑪康達）、186、242（左下圖）、248

高村葡萄酒專賣店

p.48、71、75（下圖）、79、172（左下圖）、181（歌雅與蕾）、187、206（左下圖）、208（左下圖）、210（左下圖）、221、222（左下圖）、228（左下圖）、240（左下圖）、244

Luc Corporation

p.93、165

札幌啤酒股份有限公司

p.234（左下圖）

其他酒莊

p.90（左下圖）、92、98（左下圖）、106（左下圖）、110、114、190、192、196、200、212、216、226（主圖）、236、238、240（主圖）、246、250

Biz 343

商業人士必備的紅酒素養 2：
頂級葡萄酒的知識與故事

作　　者／渡辺順子
譯　　者／黃雅慧
責任編輯／陳竑惪
校對編輯／郭亮均
美術編輯／張皓婷
副總編輯／顏惠君
總 編 輯／吳依瑋
發 行 人／徐仲秋
會　　計／許鳳雪、陳嬅娟
版權經理／郝麗珍
版權專員／劉宗德
行銷企劃／徐千晴、周以婷
業務助理／王德渝
業務專員／馬絮盈、留婉茹
業務經理／林裕安
總 經 理／陳絜吾

國家圖書館出版品預行編目（CIP）資料

商業人士必備的紅酒素養 2：頂級葡萄酒的知識與故事／
渡辺順子著；黃雅慧譯 . -- 初版 . -- 臺北市：大是文化，
2020.12
256 面；17×23 公分 . -- （Biz；343）
譯自：高いワイン
ISBN 978-986-5548-14-8（平裝）

1. 葡萄酒

463.814　　　　　　　　　　　　　　　　109013048

出 版 者／大是文化有限公司
　　　　　臺北市衡陽路 7 號 8 樓
　　　　　編輯部電話：（02）23757911
　　　　　購書相關資訊請洽：（02）23757911 分機 122
　　　　　24 小時讀者服務傳真：（02）23756999
　　　　　讀者服務 E-mail：haom@ms28.hinet.net
郵政劃撥帳號／ 19983366 戶名／大是文化有限公司

香港發行／豐達出版發行有限公司
　　　　　Rich Publishing & Distribution Ltd
　　　　　香港柴灣永泰道 70 號柴灣工業城第 2 期 1805 室
　　　　　Unit 1805, Ph.2, Chai Wan Ind City, 70 Wing Tai Rd, Chai Wan, Hong Kong
　　　　　Tel：21726513　Fax：21724355
　　　　　E-mail：cary@subseasy.com.hk
法律顧問／永然聯合法律事務所

封面設計／林雯瑛
內頁排版／邱介惠
印　　刷／緯峰印刷股份有限公司
出版日期／2020年12月初版
定　　價／新臺幣 499 元
ISBN　978-986-5548-14-8

TAKAI WINE
by Junko Watanabe
Copyright © 2019 Junko Watanabe
Traditional Chinese translation copyright © 2020 by Domain Publishing Company.
All rights reserved.
Original Japanese language edition published by Diamond, Inc.
Traditional Chinese translation rights arranged with Diamond, Inc.
through Keio Cultural Enterprise Co., Ltd., Taiwan.

（缺頁或裝訂錯誤的書，請寄回更換）